Ganesh Talari

Técnicas de programação matemática para a resolução de problemas MCDA

Ganesh Talari

Técnicas de programação matemática para a resolução de problemas MCDA

ScienciaScripts

Imprint

Cover image: www.ingimage.com

This book is a translation from the original published under ISBN 978-620-2-06215-2.

Publisher:
Sciencia Scripts
is a trademark of
Dodo Books Indian Ocean Ltd. and OmniScriptum S.R.L publishing group

120 High Road, East Finchley, London, N2 9ED, United Kingdom
Str. Armeneasca 28/1, office 1, Chisinau MD-2012, Republic of Moldova, Europe
Managing Directors: Ieva Konstantinova, Victoria Ursu
info@omniscriptum.com

Printed at: see last page
ISBN: 978-620-8-58609-6

AGRADECIMENTOS

Aproveito esta oportunidade para manifestar a minha profunda gratidão ao meu orientador de investigação, ***o Dr. P. RAJASEKHARA REDDY****, Professor do Departamento de Estatística da Universidade Sri Venkateswara, Tirupati, por ter sugerido o problema e pela sua orientação inestimável e inspiradora, proporcionando-me as instalações necessárias no departamento durante o progresso do meu trabalho de investigação. Devo-lhe muito pelas suas ideias esclarecedoras, discussões estimulantes, encorajamento constante e ajuda afectuosa.*

Os meus sinceros agradecimentos são devidos a ***todos os meus professores*** *do Departamento de Estatística da Universidade Sri Venkateswara, Tirupati, pelo seu apoio generoso e moral.*

Agradeço sinceramente à ***Comissão de Bolsas Universitárias (UGC)*** *por ter concedido apoio financeiro à minha investigação ao abrigo do regime de Investigação Científica Básica (BSR).*

Gostaria de registar o valioso apoio dos meus pais, ***Sri T. Veeranna, Smt. T. Govindamma*** *e do meu irmão* ***T. Raghuveera Naidu****, sem cujo apoio não poderia ter concluído esta investigação a tempo.*

Estou muito grato aos meus co-investigadores, aos meus amigos e aos alunos que contribuíram com a sua força para que a dissertação fosse apresentada sob esta forma.

Talari Ganesh

Índice

Capítulo I

Uma introdução às metodologias de ajuda à decisão com critérios múltiplos

1.1 Introdução

Uma decisão é uma escolha entre duas ou mais alternativas. Se apenas existir uma alternativa, não existe uma decisão. O processo de decisão é descrito como uma série de etapas, começando com a informação, a análise e culminando na resolução, ou seja, uma seleção entre várias alternativas disponíveis. Embora as decisões possam ser tomadas recorrendo à intuição ou ao raciocínio, é frequentemente utilizada uma combinação de ambas as abordagens. Qualquer que seja a abordagem utilizada, é geralmente útil estruturar a tomada de decisão de modo a reduzir as decisões mais complicadas a passos mais simples. A tomada de decisão tem três componentes, nomeadamente, *alternativas, escolha e objectivos.* A primeira componente permite ao decisor selecionar a melhor alternativa; a segunda componente orienta para a escolha da melhor solução para resolver o problema e a terceira componente indica um caminho para atingir um objetivo ou resolver um problema.

1.2 Ajuda à decisão com critérios múltiplos (MCDA)

Em qualquer ambiente, o principal objetivo é fornecer um conjunto das melhores alternativas para um determinado conjunto de critérios. O decisor fornece algumas informações necessárias e básicas sobre cada critério e as alternativas que ajudam a identificar a relação entre eles. Os problemas deste tipo podem ser tratados com técnicas de tomada de decisão multicritério ou de ajuda à decisão multicritério (MCDA).

O principal objetivo da MCDA é ter em conta vários pontos de vista e fornecer algumas ferramentas ao decisor para a resolução de problemas de decisão complexos. O compromisso entre os critérios e as preferências do decisor consiste em fornecer soluções de compromisso. Em todo e qualquer problema ou situação, os decisores, as partes interessadas e o analista desempenham um papel importante.

O decisor é uma pessoa que tem um grande impacto na avaliação da situação, expressando preferências, considerando soluções e aprovando o resultado final. *As partes interessadas* são membros envolvidos na situação de decisão e interessados em encontrar uma solução para o problema. Para a situação considerada, *o analista* é responsável por reconhecer as consequências e selecionar um método/ferramenta de apoio à decisão adequado para a construção de modelos de decisão. O analista é uma pessoa que ajuda o decisor a investigar e a estruturar o problema, para obter as preferências do decisor. O analista concebe um modelo e escolhe um método para obter uma solução. O analista deve, de preferência, conhecer bem o domínio de aplicação do problema e compreender claramente as definições e dependências entre os elementos, a fim de limitar o âmbito do modelo e poder apresentar um fragmento da realidade (o mais próximo possível). Para além dos três termos acima referidos, encontramos mais alguns termos básicos que estão envolvidos no problema MCDA.

Actores: Nos métodos MCDA, duas pessoas (actores) estão normalmente envolvidas no processo de ajuda à tomada de decisões, que são o decisor e o analista. Neste caso, o decisor é a pessoa que está a ser ajudada e que assume a responsabilidade de aceitar a decisão final. O decisor não é um perito numa parte da grande área problemática em que a decisão deve ser tomada. No entanto, a responsabilidade do decisor pela decisão final obriga-o a compreender a estrutura principal do problema. A estrutura esquemática de um problema MCDA típico é a seguinte: :

Criteria

$g_1 \quad g_2 \quad . \quad . \quad . \quad g_j \quad . \quad .$

Alternatives: x_1, x_2, x_i, x_n

$$\begin{bmatrix} g_1(x_1) & g_1(x_1) & . & . & . & g_j(x_1) & . \\ g_1(x_2) & g_2(x_2) & . & . & . & g_j(x_2) & . \\ . & . & & & & . & \\ . & . & & & & . & \\ . & . & & & & . & \\ g_1(x_i) & g_2(x_i) & . & . & . & g_j(x_i) & . \\ . & . & & & & . & \\ . & . & & & & . & \\ . & . & & & & . & \\ g_1(x_n) & g_2(x_n) & . & . & . & g_j(x_n) & . \end{bmatrix}$$

Esquema do problema MCDA

Tipos de problemas MCDA

É necessário definir o conjunto de alternativas, o conjunto de critérios com base nos quais estas alternativas serão avaliadas e criar o modelo do problema. Esta etapa está incluída em cada tipo de problema MCDA. Para ordenar e classificar o conjunto de alternativas num conjunto predefinido de classes, os problemas MCDA são os seguintes

Tipo: Escolha da melhor alternativa - o decisor não escolherá uma alternativa como a melhor entre o conjunto definido de alternativas. Este procedimento depende exclusivamente do conhecimento e da intuição do decisor sobre o problema. Por exemplo, é necessário escolher apenas uma universidade para estudar ou escolher uma determinada pessoa para o cargo de diretor.

Tipo 2: Ordenar o conjunto de alternativas - é necessário ordenar as alternativas do conjunto dado de acordo com as preferências do decisor.

Type3: Classificação das alternativas - dentre o conjunto de alternativas, o tomador de decisão irá classificá-las em várias classes. Assim, cada classe constitui um conjunto de alternativas com preferência simples. Por exemplo, na vida quotidiana, podemos classificar as tarefas "a fazer" para o dia seguinte em três classes, tais como "tem de fazer", "deseja fazer" e "pode fazer".

Durante o processo de ajuda à tomada de decisões, o analista e/ou o decisor podem deparar-se com uma série de problemas. Estes problemas estão relacionados com as incertezas que surgem quando se simplifica a situação do mundo real para modelos formais e podem ser causados por vários factores.

Notações básicas utilizadas na metodologia MCDA

x_i	: i^{th} alternative $(i=1,\ldots,m)$
X	: set of alternatives
g_j	: j^{th} criterion $(j=1,\ldots,n)$
G	: set of criteria
Q_j	: j^{th} indifference thresholds (Q)
P_j	: j^{th} preference thresholds (P)
W_j	: j^{th} weights (W)
V_j	: j^{th} veto thresholds (V)
λ	: cutting level
b_q	: q^{th} boundary alternative $(q = 1,\ldots,s)$
B	: set of boundary alternatives $(b_1, b_2, \ldots, b_q)$
l_q	: q^{th} boundary class
$C_j(x_i, b_q)$ and $D_j(x_i, b_q)$	: partial concordance and partial discordance of the x_i and b_q
$C_j(b_q, x_i)$ and $D_j(b_q, x_i)$	: partial concordance and partial discordance of the b_q and x_i
$C(x_i, b_q)$ *and* $C(b_q, x_i)$	: overall concordance indices
$S_j(x_i, b_q)$	: outranking index for x_i and b_q
$S_j(b_q, x_i)$	: outranking index for b_q and x_i
C_q	: q^{th} category
P	: strict preference
Q	: weak preference
I	: indifference
J	: incomparability

Todo o problema MCDA será expresso em termos de relações existentes entre as *alternativas* e os *critérios*.

1.2.1 Alternativas

Um conjunto de acções ou objectos, cada um dos quais deve ser estimado direta ou indiretamente para obter a solução do problema. Uma alternativa $x_t \in X$, é um vetor de critérios. Em cada ambiente de problema MCDA, cada critério será associado a um conjunto de alternativas, das quais uma alternativa actuará como a melhor para esse critério específico. O conjunto de alternativas será *finito* se for dada uma definição correta de todos os seus membros. Se o número e o conteúdo das alternativas forem *fixos* e não puderem variar durante o processo de ajuda à decisão, diz-se que é *estável,* caso contrário *é volátil.* Na fase final do processo de ajuda à decisão, se nos depararmos com uma única melhor alternativa que exclui a possibilidade de escolher qualquer outra alternativa, diz-se que *é abrangente* e se optarmos por uma combinação de alternativas, diz-se que é *fragmentada.* Em resumo, o critério define as caraterísticas e algumas propriedades do conjunto de alternativas.

1.2.2 Critérios

As alternativas são avaliadas com base num conjunto de critérios, designado por G. $G_t \in G$ define as principais caraterísticas de cada alternativa do conjunto de alternativas apresentadas. O conjunto de critérios pode ser utilizado se tiver as seguintes preferências

- Se todos os critérios permitirem distinguir as alternativas do conjunto de alternativas dadas, então é *completo* (não existe nenhum par de alternativas), caso contrário *é incompleto.*
- Se duas alternativas são indiferentes (têm os mesmos valores em todos os critérios), então trata-se de *coesão.*
- Se um critério do conjunto desempenhar um papel significativo e se a remoção de pelo menos um critério conduzir à violação de uma das duas preferências acima referidas, então é referido como *não redundância*
- O conjunto de critérios que satisfaz todas as preferências acima referidas é designado por *coerente.*

1.2.3 Relações MCDA

Consideremos as duas alternativas x_i e x_r. A partir destas duas alternativas, podemos explicar os tipos de relações que existem entre elas.

i. Se x_i e x_r forem igualmente preferíveis ou importantes (reflexivos e simétricos), diz-se que se trata de uma *relação de indiferença,* geralmente designada por $x_i I\, x_r$.

ii. Se x_i for melhor do que x_r, isso significa que x_i é superior a x_r. Esta relação é conhecida como *preferência estrita* e é designada por *xi P* x_r. Esta relação é um complemento da relação de indiferença.

iii. Se não se fizer claramente um juízo adequado ou específico (preferência ou indiferença) relativamente a x_i e x_r, diz-se que a relação entre duas alternativas é de *preferência fraca,* denotada por $x_i\, Q\, x_r$.

iv. Se x_i não estiver em nenhuma das relações acima mencionadas com x_r, então é referida como relação de incomparabilidade, denotada por $x_i J x_r$. Esta relação é simétrica e não-reflexiva.

v. A relação de superação é designada por $x_i S x_r$. Define a situação em que a relação de preferência (forte- $x_i P x_r$ ou fraca- $x_i Q x_r$) ou de indiferença $(x_i I x_r)$ é verdadeira ou não.

Para observar um tipo específico de relação entre a alternativa e o critério, é necessário calcular alguns índices como a concordância parcial, a discordância parcial e os índices de outranking. Ao longo dos anos, foram desenvolvidas várias metodologias, das quais a mais conhecida é a *metodologia Outranking.*

Na secção 1.3 seguinte, é feita uma breve introdução à metodologia de outranking e às suas caraterísticas básicas.

1.3 Metodologia de desempate - método ELECTRE TRI

Em MCDA, a metodologia de outranking inscreve-se no quadro dos problemas de classificação. Com base no mesmo critério, a metodologia permite comparar os pares de alternativas tendo em conta os limiares de indiferença, de preferência e de veto. Este método ajuda a determinar a indiferença, a preferência de uma sobre a outra e a relação de incomparabilidade entre as alternativas. O método ELECTRE TRI também ajuda a identificar as relações de superação entre pares de alternativas para cada critério. Nos problemas de classificação, um dado conjunto de alternativas "X" com um conjunto de critérios "G" deve ser atribuído a um conjunto de classes ordenadas "L" pelo conjunto predefinido de alternativas de fronteira "B". Cada classe é considerada por duas alternativas de fronteira (superior e inferior). O limite superior b_q da classe l_{q-1} é o limite inferior da classe l_q $(q=1,...,s)$. A alteração de pelo menos um critério desloca a alternativa de fronteira para a classe vizinha.

Para resolver problemas de classificação, este método calcula a relação de classificação superior para cada alternativa $x_i \in X$ $(i= 1,...,m)$ que deve ser classificada e cada alternativa de fronteira b_q entre as classes l_{q-i} e l_q através do cálculo do índice de classificação superior. Se l_q for preferida à alternativa de fronteira inferior l_{q-i} da classe, atribuímos a alternativa x_i à classe l_q e a alternativa de fronteira superior b_q da classe é preferida a esta alternativa.

Para calcular o índice de classificação superior, o decisor fornecerá as seguintes informações

(i) conjunto de alternativas a classificar

(ii) conjunto de critérios com base nos quais as alternativas devem ser avaliadas, com uma escala de valores quantitativos para cada critério.

(iii) número de aulas, bem como a sua ordem de acordo com a preferência.

(iv) alternativas de limites superior e inferior para cada classe l_q

Para cada critério g_j (j=1,...,n), o método ELECTRE TRI requer a definição dos limiares de preferência *p/.),* de indiferença *q/.), de* veto *vj(.)*, bem como dos pesos w_j e do nível de corte λ (deve situar-se entre 0,5 e 1).

a) O limiar de preferência $p_j(.)$ indica a diferença mais pequena entre duas alternativas no critério *gj,* ou seja, uma alternativa é preferida à outra

b) O limiar de indiferença $q_j(.)$ indica a maior diferença entre duas alternativas no critério g_j

c) O limiar de veto $v_j(.)$ indica a diferença mais pequena entre as alternativas no critério *gj,* que indica a incomparabilidade destas duas alternativas

d) Todos os três limiares acima referidos devem satisfazer a restrição, vj $(.) > p_j(.) > q_j(.)$

e) O peso w_j indica a importância relativa do critério quando comparado com o outro critério em termos de votos

f) O nível de corte λ mostra o valor mais pequeno do índice de classificação superior, que é suficiente para considerar uma situação de classificação superior entre duas alternativas

A relação de classificação superior é verificada por duas condições, a saber, *a concordância* e *a discordância* em relação aos limiares, aos pesos e ao nível de corte λ. A concordância exige a preferência da alternativa x_i em relação à alternativa de fronteira b_q na maioria dos critérios. A discordância exige a ausência de uma forte oposição à primeira condição na maioria dos critérios. É necessário calcular dois índices parciais para cada critério, ou seja, a concordância parcial denotada por $c_j(x_{it} b_q)$ e $c_j(b_q, x_i)$ e a discordância parcial denotada por $D_j(x_{it} b_q)$ e $D_j(b_q, x)$. Os índices parciais acima referidos ajudam a calcular os índices de classificação superior $S_j(x_i, b_e)$ e $S_j(b_{(q)}, x)$. Utilizando um nível de corte específico λ, é possível comparar os índices de classificação superior e obter dois tipos de procedimentos de atribuição: *pessimista* e *otimista.*

O procedimento pessimista começa com a comparação de uma alternativa com o limite inferior da classe mais elevada e o procedimento otimista começa com a comparação de uma alternativa com o limite superior da classe mais baixa. No capítulo 3, descrevemos as estruturas matemáticas dos índices de classificação superior e dos procedimentos de atribuição, com a ajuda de modelos de folhas de cálculo e funções incorporadas.

Na secção seguinte, apresentamos outra técnica multi-objetivo/critério, nomeadamente a programação por objectivos. Em primeiro lugar, fornecemos algumas informações históricas e, mais tarde, o modelo de programação por objectivos foi discutido juntamente com a sua grande variedade de formulações como um diagrama de rede (figura 1.1).

1.4 Programação de objectivos

Durante os anos 50 e início dos anos 60, Charnes e Ijiri introduziram o conceito de programação de objectivos, como um ramo da otimização multi-objetivo, que por sua vez é um ramo da análise de decisão multicritério (MCDA), também conhecida como tomada de decisão multicritério (MCDM). No âmbito desta técnica, as duas principais formulações são a programação de objectivos lexicográfica e ponderada. Quando os objectivos se baseiam numa estrutura de prioridades antecipadas, trata-se de programação de objectivos lexicográfica e, se os objectivos se baseiam em pesos de penalização, trata-se de programação de objectivos ponderada. Em muitas aplicações, o decisor pode não atingir os objectivos de acordo com a estrutura de prioridades. Ao atingir esses objectivos, os objectivos com prioridade elevada afectarão os objectivos com prioridade baixa. Além disso, as soluções obtidas através da programação lexicográfica de objectivos podem não ser aplicáveis na prática. Para ultrapassar a situação acima descrita, são atribuídos pesos relativos aos objectivos, que, por sua vez, permitem uma melhor concretização das preferências do decisor. Os objectivos preferenciais associados às variáveis de desvio na função de realização são considerados nos parâmetros do modelo.

Pode ser considerado como uma extensão da programação linear para lidar com múltiplas medidas de objectivos contraditórios. A cada uma destas medidas é atribuído um objetivo ou valor-alvo a atingir. Os desvios indesejados deste conjunto de valores-alvo são então minimizados numa função de realização. Esta pode ser uma soma ponderada, dependendo da variante de programação de objectivos utilizada. A formulação inicial da programação de objectivos ordena os desvios indesejados em vários níveis de prioridade, sendo a minimização de um desvio num nível de prioridade mais elevado infinitamente mais importante do que quaisquer desvios em níveis de prioridade mais baixos. É a chamada programação de objectivos lexicográfica ou preemptiva.

A programação de objectivos lexicográfica (Ignizio, 1976) deve ser utilizada quando existe uma ordem de prioridades clara entre os objectivos a atingir. Se o decisor estiver mais interessado em comparações diretas dos objectivos, deve ser utilizada a programação de objectivos ponderada ou não preemptiva. Neste caso, todos os desvios indesejados são multiplicados por pesos, reflectindo a sua importância relativa, e adicionados como uma soma única para formar a função de realização. É importante reconhecer que os desvios medidos em unidades diferentes não podem ser somados diretamente devido ao fenómeno da incomensurabilidade. Por isso, cada desvio indesejado é multiplicado por uma constante de normalização para permitir uma comparação direta.

As escolhas populares para as constantes de normalização são a meta ou o valor-alvo ou o intervalo do objetivo correspondente. Para os decisores mais interessados em obter um equilíbrio entre os objectivos concorrentes, deve ser utilizada a programação de objectivos de Chebyshev (Flavell, 1976). Esta variante procura minimizar o desvio máximo indesejado, em vez da soma dos desvios. Utiliza a métrica da distância de Chebyshev, que privilegia a justiça e o equilíbrio em vez de uma otimização implacável.
A programação de objectivos proporciona uma forma de atingir simultaneamente objectivos contraditórios. De acordo com Ignizio (1976), a programação lexicográfica de objectivos é uma ferramenta que foi proposta como modelo e abordagem para a análise de problemas que envolvem múltiplos objectivos conflituosos. É salientado que os problemas do mundo real envolvem invariavelmente sistemas não determinísticos para os quais existe uma variedade de objectivos contraditórios não comensuráveis.

O principal ponto forte da programação por objectivos é a sua simplicidade e facilidade de utilização. Este facto explica o grande número de aplicações da programação por objectivos em domínios muito diversos, como a gestão de resíduos sólidos, os aspectos contabilísticos e financeiros da gestão de stocks, o marketing, o controlo da qualidade, os recursos humanos, a produção, os transportes e a seleção de locais, os estudos espaciais, a agricultura, as telecomunicações, a silvicultura e a aviação (Aouni e Kettani, 2001).

1.4.1 Tipos de objectivos

Existem três tipos possíveis de objectivos:

1. *Um objetivo inferior e unilateral:* Este objetivo estabelece um limite inferior que não queremos ultrapassar (mas ultrapassar o limite é aceitável).
2. *Um objetivo superior, unilateral:* Este objetivo estabelece um limite superior que não queremos ultrapassar (mas ficar abaixo do limite é aceitável).
3. *Um objetivo de dois lados:* Este objetivo estabelece metas específicas que não queremos falhar em nenhum dos lados.

Ignizio (1976) apresentou um algoritmo que mostra como uma programação de objectivos lexicográfica pode ser resolvida como uma série de modelos de programação linear e deve ser utilizada quando existe uma clara ordem de prioridades entre os objectivos a atingir.

Seja fi(x) a representação matemática dos objectivos, que podem ser lineares ou não lineares (geralmente lineares). Seja gi o nível de aspiração e os três objectivos possíveis que podem ser definidos são

(i) $fi(x) > gi$

(ii) $fi(x) < g,$

(iii) $fi(x) = gi$

Na programação linear convencional, estas seriam restrições difíceis, mas na programação por objectivos, medimos o desvio de cada objetivo.

1.4.2 Formulação da programação de objectivos

Os passos básicos para formular um modelo de programação de objectivos são os seguintes

(i) Determinar as variáveis de decisão

(ii) Especificar objectivos, incluindo tipos de objectivos e respectivas metas

(iii) Determinar as prioridades preventivas

(iv) Determinar os pesos relativos

(v) Indicar as funções objetivo de minimização do desvio

(vi) Indicar outros requisitos dados, por exemplo, restrições tecnológicas, não-negatividade (programação linear de objectivos)

(vii) Por último, certifique-se de que o modelo pode especificar exatamente as preferências do decisor.

A forma geral do modelo de programação de objectivos é dada por

Minimizar

$$Z = \sum_{i=1}^{m} \left(d_i^- - d_i^+\right)$$

sujeito a

$$\sum_{j=1}^{n} \left(a_{ij} x_j + d_i^- - d_i^+\right) = b_i \qquad i = 1,2,\ldots,m \; ; \; j = 1,2,\ldots,n$$

$$d_i^-, d_i^+, x_j \geq 0$$

em que d.' é a variável de desvio positivo da superação do i-ésimo objetivo

d; é a variável de desvio negativo de não atingir o i-ésimo objetivo e

xj é a $j^{ésima}$ variável de decisão

aij são os coeficientes da variável de decisão

A variável de desvio não pode ser simultaneamente variável básica, porque, por definição, é dependente. Isto implica que em qualquer iteração simplex, no máximo, uma delas pode assumir um valor positivo. Se a $i^{ésima}$ desigualdade original for da forma < e o seu df > 0, então o i-ésimo objetivo não será satisfeito. No entanto, d.' e df permitem-nos cumprir ou violar o $i^{ésimo}$ objetivo à vontade. Uma boa solução de compromisso visa minimizar a quantidade pela qual cada objetivo é violado. A figura 1.1 apresenta as várias formulações da programação por objectivos sob a forma de um diagrama de rede.

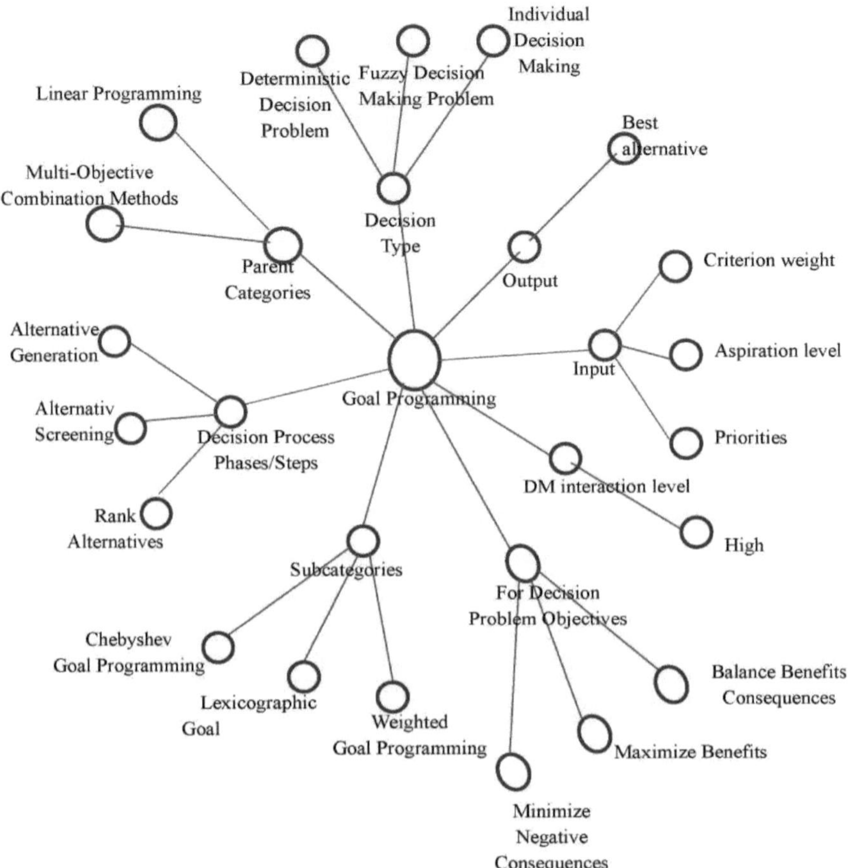

Figura 1.1: Um percurso em rede da programação por objectivos e suas formulações

1.4.2 Algoritmos de programação de objectivos

Existem dois algoritmos para resolver problemas de programação por objectivos. Estes algoritmos convertem os múltiplos objectivos numa única função objetivo. Os métodos são o método Preemptivo e o método dos pesos.

Na programação lexicográfica por objectivos, as funções objetivo são ordenadas de acordo com a sua importância.

Dada esta ordem, a função mais importante é minimizada em primeiro lugar, depois, no conjunto de soluções óptimas em relação à primeira função, a segunda função é minimizada, e assim sucessivamente, até se obter uma solução única ou até que todas as funções especificadas sejam minimizadas. Isto implica que os objectivos de maior prioridade devem ser atingidos antes de serem considerados os de menor prioridade.

a. O Método Pré-Empregativo

Neste método, o decisor deve classificar os objectivos do problema por ordem de importância. O modelo é então optimizado utilizando um objetivo de cada vez, de modo a que o valor ótimo de um objetivo de prioridade mais elevada nunca seja degradado por um objetivo de prioridade mais baixa. Esta variante é conhecida como objetivo lexicográfico. O modelo preventivo tem a seguinte forma

Minimizar

$$Z = \sum_{i=1}^{n} p_i \left(w_i^- - w_i^+ \right)$$

sujeito

$$\sum_{j=1}^{m} \left(a_{ij} x_j + d_i^- - d_i^+ \right) = g_i \qquad i = 1,2,\ldots,n \; ; \; j = 1,2,\ldots,m$$

$$d_i^-, d_i^+, x_j \geq 0$$

em que pi é o fator de preempção/nível de prioridade atribuído a cada objetivo relativo por ordem de classificação (ou seja, pi> p2 > . ... > p_n).

A programação de objectivos ponderada e a programação de objectivos preemptiva ou lexicográfica podem ser combinadas como um modelo, sendo designadas por programação de objectivos lexicográfica ponderada.

Na programação ponderada de objectivos, o objetivo é encontrar uma solução que minimize a soma ponderada dos desvios dos objectivos. Os pesos representam informação adicional que reflecte as preferências do decisor em relação às variáveis de desvio.

O método assume que os desvios positivos e negativos dos resultados do critério em relação aos objectivos pretendidos são igualmente indesejáveis; ou seja, o decisor identifica tanto a superação como a sub-realização dos objectivos especificados como resultados igualmente indesejáveis.

b. O método dos pesos

No método dos pesos, a função objetivo única é a soma ponderada das funções que representam os objectivos do problema.

O modelo de programação dos objectivos de ponderação tem a seguinte forma

Minimizar

$$Z = \sum_{i=1}^{n} \left\{ \left(w_i^- - w_i^+ \right) d_i \right\}$$

sujeito a

$$\sum_{j=1}^{m}\left(a_{ij}x_j + d_i^- - d_i^+\right) = g_i \quad , \quad i = 1,2,\ldots,n \; ; \; j = 1,2,\ldots,m$$

$$d_i^-, d_i^+, x_j \geq 0$$

onde w(e w; são restrições não negativas e podem ser números reais que representam os pesos relativos atribuídos dentro de um nível de prioridade às variáveis de desvio. O parâmetro w(representa os pesos positivos que reflectem a preferência do decisor relativamente à importância relativa de cada objetivo, enquanto wf representa os pesos negativos da preferência do decisor. O determinante dos valores específicos destes pesos é subjetivo.

O modelo de ponderação e classificação de acordo com Kwak et al (1991) é dado por

Minimizar

$$Z = \sum_{i=1}^{n} P_i \sum_{i=1}^{n}\left(w_{ik}^- d_i^- - w_{ik}^+ d_i^+\right)$$

sujeito a

$$\sum_{j=1}^{m}\left(a_{ij}x_j + d_i^- - d_i^+\right) = g_i \qquad i,k = 1,2,\ldots,n \; ; \; j = 1,2,\ldots,m$$

$$d_i^-, d_i^+, x_j \geq 0$$

em que d; e d(são variáveis de desvio;
xj = variáveis de decisão;
aij = coeficientes da variável de decisão;
w(e wf são restrições não negativas que representam pesos relativos;
pi = fator de preempção/nível de prioridade atribuído a cada objetivo relevante por ordem de classificação (ou sejapi > p_2 > ... > p_n)-

Na secção seguinte, descrevemos mais uma metodologia multi-objetivo/critério, nomeadamente o Processo de Hierarquia Analítica. O âmbito, a metodologia e as aplicações desta técnica são explicados de forma sucinta.

1.5 Processo hierárquico analítico

Nas últimas três décadas, os investigadores psicométricos, militares e industriais dedicaram esforços consideráveis à análise quantitativa de dados subjectivos. As ferramentas analíticas baseadas nos juízos subjectivos dos peritos têm sido utilizadas em domínios tão diversos como a análise da política energética, o marketing, a investigação de marketing, a previsão económica e o planeamento militar. Os problemas relacionados com a análise de informações subjectivas são numerosos e foram propostos vários métodos para a aquisição e o tratamento de dados subjectivos.

Uma questão que se coloca no tratamento de dados subjectivos é como construir uma escala de mérito relativo para uma coleção de objectos ou actividades com base em comparações subjectivas de cada par da coleção.

Saaty T. L (1977) desenvolveu um procedimento de matriz de vectores próprios para a construção de escalas de mérito com base em comparações inconsistentes entre pares. O método foi aplicado numa grande variedade de problemas de planeamento e decisão.

A quantificação de dados subjectivos é essencial para lidar com uma vasta classe de problemas cuja solução por outros métodos seria extremamente difícil ou impossível. Estes problemas são frequentemente amorfos e vagos. Envolvem questões de grande dimensão e multifacetadas, importantes para os decisores e grupos de interesse com antecedentes e preconceitos diversos. Além disso, alguns factos dos problemas podem não ter medidas de mérito bem definidas e com valores escalares. Mesmo que existam medidas adequadas, a recolha de dados objectivos relevantes pode ser proibitivamente dispendiosa ou impossível.

As decisões envolvem muitos factores intangíveis que têm de ser negociados. Para tal, têm de ser medidos juntamente com os tangíveis, cujas medições também têm de ser avaliadas quanto ao seu grau de utilidade para os objectivos do decisor. O Analytic Hierarchy Process (AHP) é uma teoria de medição através de comparações entre pares e baseia-se nos pareceres de peritos (decisores) para derivar escalas de prioridades. Estas escalas medem os intangíveis em termos relativos. As comparações são efectuadas utilizando uma escala de juízos absolutos que representa o grau de domínio de um elemento sobre outro relativamente a um determinado atributo. A principal preocupação do AHP é converter os juízos inconsistentes em juízos consistentes.

Para tomar uma decisão de forma organizada e gerar prioridades, é necessário decompor a decisão nas seguintes etapas.

1. Definir o problema e determinar o tipo de conhecimento pretendido.
2. Estruturar a hierarquia da decisão a partir do topo com o objetivo da decisão, depois os objectivos numa perspetiva ampla, passando pelos níveis intermédios (critérios dos quais dependem os elementos subsequentes) até ao nível mais baixo (que normalmente é um conjunto de alternativas).
3. Construir um conjunto de matrizes de comparação de pares. Cada elemento de um nível superior é utilizado para comparar os elementos do nível imediatamente inferior em relação a ele.
4. Utilizar as prioridades obtidas a partir das comparações para ponderar as prioridades do nível imediatamente inferior. Fazer isto para cada elemento. Em seguida, para cada elemento do nível imediatamente inferior, adicione os seus valores ponderados e obtenha a sua prioridade global ou global.
5. Continuar este processo de ponderação e adição até obter as prioridades finais das alternativas no nível mais baixo.

O Processo de Hierarquia Analítica (AHP) fornece a matemática objetiva para processar as preferências inevitavelmente subjectivas e pessoais de um indivíduo ou de um grupo na tomada de decisões. Como é sabido, o AHP funciona fundamentalmente através do desenvolvimento de prioridades para alternativas e dos critérios utilizados para julgar as alternativas.

Saaty (1980) apresentou os sete pilares do AHP, que são os seguintes

1) Escalas de rácio derivadas de comparações recíprocas emparelhadas
2) As comparações emparelhadas e a origem psicológica da escala fundamental utilizada para efetuar as comparações
3) Condições para a sensibilidade do vetor próprio a alterações nas sentenças
4) Homogeneidade e agrupamento para alargar a escala de 1-9 para l-∞
5) síntese aditiva de prioridades, que conduz a um vetor de formas multilineares, aplicada no âmbito da estrutura de decisão de uma hierarquia ou da rede de feedback mais geral, para reduzir as medidas multidimensionais a uma escala unidimensional de rácios normalizados, ou seja, uma escala de "dominância" absoluta, sem unidade de medida
6) Permitir a manutenção do posto (modelo ideal) ou permitir a inversão do posto (modelo distributivo)
7) Tomada de decisão em grupo utilizando uma forma matematicamente justificável de sintetizar os julgamentos individuais que permite a construção de uma decisão de grupo cardinal compilável com as preferências individuais

Foco da tese

No capítulo 2, é apresentada uma revisão da literatura e das metodologias existentes no âmbito dos problemas MCDA. Uma vez que todo o trabalho se centra nestas três ferramentas multicritério/objetivo, foram discutidas várias formulações e as suas implicações.

No capítulo 3, é apresentada uma discussão pormenorizada sobre a metodologia ELECTRE TRI. Além disso, são propostos algoritmos de folha de cálculo para o tratamento do método ELECTRE TRI.

No capítulo 4, são propostas duas novas abordagens para minimizar a soma ponderada dos desvios na programação por objectivos ponderada. A primeira fase do capítulo descreve as caraterísticas, a metodologia e as formulações da programação por objectivos e a segunda fase trata da explicação das novas abordagens propostas. Uma interpretação comparativa pormenorizada e as vantagens são apresentadas no final do capítulo.

No capítulo 5, o processo de hierarquia analítica é utilizado para verificar a coerência dos pesos atribuídos no âmbito do problema de programação ponderada de objectivos. São apresentados resultados comparativos entre a programação ponderada de objectivos convencional e o processo de hierarquia analítica implementado na programação ponderada de objectivos. Por último, é destacada a importância do Excel no tratamento das operações matriciais do AHP e do módulo solver para resolver a programação ponderada de objectivos.

Capítulo II

Metodologias de ajuda à decisão multi-critério (MCDA): Uma revisão

2.1 Introdução

Neste capítulo, o enfoque principal foi dado às metodologias existentes de ajuda à decisão multicritério (MCDA). Uma vez que a MCDA é considerada uma das ferramentas de tomada de decisão, revemos brevemente os conceitos e métodos familiares desenvolvidos por muitos investigadores para lidar com vários critérios e alternativas únicas. O presente capítulo é enquadrado pela consideração de três metodologias principais de MCDA, nomeadamente a abordagem Outranking, a técnica de Programação de Objectivos Lineares e o Processo de Hierarquia Analítica (AHP).

A primeira abordagem é o método ELECTRE TRI, que se insere no âmbito dos problemas de classificação da abordagem de classificação superior. A segunda abordagem é a Programação Linear por Objectivos, que é uma metodologia multi-objetivo bem conhecida e tem as suas próprias aplicações distintas em áreas diversificadas. A terceira abordagem é a AHP, um método único para lidar com objectivos múltiplos. Cada uma das metodologias acima mencionadas foi objeto de uma secção separada. Além disso, são destacados o âmbito, a metodologia e as aplicações destas técnicas.

2.2 Abordagem de desempate - método ELECTRE TRI

Em qualquer ambiente multicritério, alguns dos problemas básicos que se verificam normalmente são os seguintes

- Seleção da melhor alternativa (escolha)
- Seleção de um grupo constituído pelas melhores alternativas (ou triagem)
- Ordenação linear de alternativas (classificação linear)
- Classificação ou estratificação de grupos (ou tomada de decisão ordinal, ordenação): obtenção de grupos de alternativas ordenados linearmente (alternativas do melhor nível de uma qualidade agregada, alternativas do segundo nível de uma qualidade agregada, etc.)
- Agrupamento (ou classificação): obtenção do conjunto de grupos alternativos independentes

Para lidar com os problemas básicos acima enumerados, existem várias abordagens, como técnicas estatísticas, análise de utilidade multi-objetivo, tomada de decisão interactiva multicritério, processo hierárquico analítico, técnicas de classificação, teoria matemática da escolha, redes neuronais, etc.

Como já foi referido, os problemas de classificação têm sido tradicionalmente resolvidos através de muitas técnicas estatísticas multivariadas, como a função discriminante linear e a análise Logit-Probit. Outros métodos relevantes para a classificação podem ser encontrados na investigação operacional, em particular, o auxílio multicritério à decisão da teoria da utilidade, a abordagem de classificação (Von J Neumann e Morgenstern O,

1947), a abordagem de classificação (Roy. B, 1981).

A palavra multicritério refere-se à ideia de que cada alternativa pode ser avaliada tendo em conta vários pontos de vista contraditórios, designados *por critérios de medição.* Existem duas abordagens diferentes para representar e resolver problemas multicritério: a primeira é a otimização multi-objetivo e a segunda é a análise de decisão multiatributo (auxílio à decisão multicritério).

A abordagem de resolução de problemas de classificação através de MCDA é bastante moderna. O primeiro método MCDA para classificação foi desenvolvido no final dos anos 70 e início dos anos 80 por Mosarola e Roy (1977) e Roy. B (1981).

O seu trabalho limitou-se apenas a três classes. Mais tarde, Yu. W (1992) alargou o trabalho a um número arbitrário de classes. Para além disso, o desenvolvimento de outros métodos de classificação no âmbito da MCDA pode ser encontrado em Belace. N (1998), Greco.C et al, (1998, 1999), Eric Jacquet-Larreg e Yennis Sisco (2001), Pemy. P (1998).

No âmbito deste problema de classificação, a maior parte dos métodos de outranking, como o ELECTRE I,II,III e o PROMITHEE I,II,III, foram desenvolvidos por Roy. B (1968, 1978), B. Roy e Bertier (1973), Brans J. et al (1984). Tamas Solymosi e Dombi J (1986) propuseram um método para determinar os pesos dos critérios. Este método é interativo e fornece pesos centralizados, que são viáveis.

Roy .B (1991) descreveu as principais caraterísticas e a apropriação da abordagem de outranking e dedicou algumas ideias e conceitos básicos que ajudam a construir relações de outranking. No passado recente, os contributos da investigação para as abordagens de outranking são os seguintes Barda et al (1990), Roy et al (1986), Slowinski e Treichel (1988).

Tarik Al-Shemmeri et al (1997) desenvolveram três algoritmos que foram implementados para selecionar uma técnica adequada para efeitos de classificação. As técnicas discutidas por eles podem ser aplicadas a qualquer problema multicritério para lidar com os algoritmos de seleção MCDA. Estes modelos de seleção foram aplicados a projectos de desenvolvimento hídrico e Deason (1984), Gershon (1981) e Tecle (1988) trabalharam em alguns problemas relacionados com sistemas de apoio à decisão multicritério para projectos de desenvolvimento hídrico. O fluxograma do modelo de Deason (1984) que foi utilizado para a seleção de modelos é o seguinte

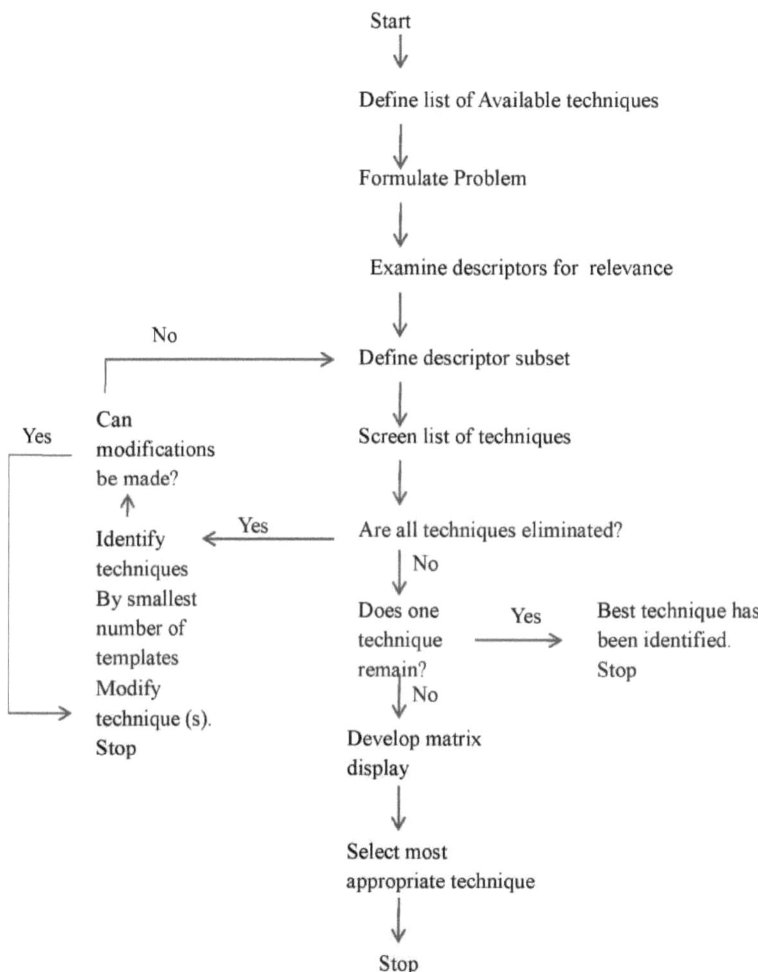

Figura 2.1: Fluxograma do paradigma de seleção de modelos (Deason, 1984)

Carsten Homburg (1998) propôs um procedimento hierárquico para a resolução de problemas de decisão com
múltiplos objectivos. A ideia principal era combinar dois conceitos bem conhecidos da tomada de decisão multi-objetivo
de decisão multi-objetivo, ou seja, a determinação da informação sobre os pesos através de técnicas de
e a determinação da informação sobre os pesos no âmbito dos algoritmos interactivos. As funções de utilidade consideradas no âmbito deste modelo hierárquico assumem uma programação linear multi-objetivo, que é a seguinte

$$\text{Max}\,Z(x)=(Z_1(x),\ldots,Z_k(x))^T = Cx$$
$$\text{subject to} \quad Ax\leq b, \qquad (2.2.1)$$
$$x=(x_1,\ldots,x_n)^T\geq 0$$

onde

Z = Z(x)	Vetor da função objetivo K dos decisores Z;
x e^n	Vetor de variáveis de decisão
ce^Kxn	Matriz dos coeficientes dos objectivos em relação a
A e ^mxn	Matriz para as restrições lineares em relação a x
b i 'V	Lado direito das restrições

Um elemento no conjunto limitado X :=| $x\epsilon R^n$ |Ax ≤ b, x ≥ 0| é designado por decisão e um elemento em Z(x):={z(x)| x ϵ X}por alternativa.

Foi demonstrado como uma programação linear multi-objetivo pode ser resolvida de forma hierárquica. As funções de utilidade definidas para (2.2.1) são as seguintes

$$u^T(x)=\sum_{i=1}^{K} W_i^T\, v_i^T(Z_i(x)),\ W_i^T>0,$$
$$\sum_{i=1}^{K} W_i^T=1 \qquad (2.2.2a)$$

and

$$u^B(x)=\sum_{i=1}^{K} W_i^B\, v_i^B(Z_i(x)),\ W_i^B>0,$$
$$\sum_{i=1}^{K} W_i^B=1 \text{ respectively} \qquad (2.2.2b)$$

Meittinen Kaisia e Slminen Pekka (1999) descreveram formas de auxiliar a tomada de decisões com um conjunto discreto de alternativas. O tratamento sugerido baseava-se nas ideias básicas do método ELECTRE III. A escolha de um modelo de pseudo-critério é justificada pelo facto de, em todas as aplicações reais em que os autores estiveram envolvidos, ter sido sempre impossível definir valores exactos para todos os critérios.

Evangelos Triantaphyllou e Bo Shu (2001) partiram do princípio de que os pesos dos critérios são alteráveis, pelo que o número de todas as classificações possíveis pode ser significativamente inferior ao limite superior de m! De facto, foi apresentada uma demonstração adequada para mostrar que o número de classificações possíveis é uma função do número de alternativas e do número de critérios, e também para mostrar que o número máximo de classificações viáveis é uma função do número de alternativas *m* e do número de critérios *n*. A classificação das alternativas pode ser determinada comparando os valores de preferência das alternativas duas de cada vez. Partindo do princípio que Pi>P_2, P1>P3 e P_2> P3, em que P_1 =£ a... wj para i= l,2,...,m então

A1>A(2)>A3.

$$P_i - P_j = \sum_{k=1}^{n} (a_{ik} - a_{jk}) w_k \quad \text{for } i, j = 1, 2, ..., m \text{ and } i \neq j \qquad (2.2.3)$$

SeP, - PJ > 0 , então A; é preferível a Aj e vice-versa. Se P; - Pj = 0, então A; é tão preferível como Aj para o decisor. Seja W = (wi, w2, ... , wn) seja o vetor de pesos dos critérios de decisão, então (2.2.3) pode ser reescrito como

$$\begin{aligned} & P_i - P_j = (a_i - a_j) W^T \quad \text{for } i, j = 1, 2, 3, ..., m \text{ and } i \neq j \\ & \text{for } P_i - P_j = 0, \text{ we have} \\ & (a_i - a_j) W^T = 0 \end{aligned} \qquad (2.2.4)$$

Ralph E. Steuer e Paul Na (2003) forneceram uma bibliografia categorizada sobre a aplicação das técnicas de tomada de decisões com critérios múltiplos (MCDM) a problemas e questões no domínio das finanças. Foram compiladas 256 referências, classificadas de acordo com as abordagens metodológicas de programação por objectivos, programação por objectivos múltiplos, processo de hierarquia analítica, etc., e com as áreas de aplicação de orçamentação de capital, gestão do capital de exploração, análise de carteiras, etc. O trabalho bibliográfico fornece uma visão geral da literatura sobre "MCDM combinada com finanças" e mostra como foram dadas contribuições nestas áreas, provenientes de todo o mundo.

Rui Pedro Lourenço e João Paulo Costa (2004) propuseram uma técnica interactiva do tipo "branch and bound" para construir progressivamente o conjunto não dominado, combinada com o método ELECTRE TRI (procedimento pessimista) para ordenar as soluções não dominadas identificadas. Foi considerada uma abordagem de desagregação a fim de evitar a definição direta de todos os parâmetros de preferência ELECTRE TRI. Os coeficientes de ponderação-importância foram inferidos e os perfis de referência das categorias foram determinados com base em exemplos de atribuição fornecidos pelo decisor. Benson (1995) utilizou um tipo de modelo semelhante para resolver o problema da programação de operações fracas. Além disso, Roy e Bouyssou (1993) e Mousseau et al (2000), designaram os problemas de ordenação e triagem utilizando relações multi-critério de classificação. O problema de programação linear inteira mista multiobjectivo (MOMILP) formulado é dado por

$$\begin{aligned} & \text{Max} \{ z_1 = c^1 x, ..., z_t = c^t x, \} \\ & \text{s.t.} \quad x \in S = \{ x \in \Re^n \mid Ax \leq b, x \geq 0, x_i \text{ integer}, i \in I \}, \\ & \qquad I \subset \{1, ..., n\}, I \neq \varphi, \end{aligned} \qquad (2.2.5)$$

em que *r* é o número de funções objetivo (critérios), *n* é o número de variáveis de decisão, A é uma matriz *m x*, b é um vetor coluna m e c\ j = 1,2, ..., t, são vectores linha n.

Michael Doumpos e Constantin Zopounidis (2004) propuseram uma nova abordagem que envolve comparações entre pares com base no paradigma da ajuda multicritério à decisão (MCDA). A base da metodologia foi a utilização de uma relação de preferências que foi utilizada para efetuar comparações de pares entre as alternativas. Os pesos dos critérios utilizados para construir a relação de preferência foram especificados utilizando um conjunto de alternativas de referência (amostra de formação) com base em técnicas de programação linear. A metodologia proposta utiliza comparações par a par, que foram efectuadas entre as alternativas a classificar e um conjunto de alternativas de referência que constituem exemplos típicos dos membros de cada classe. Muitos métodos bem conhecidos foram propostos com base neste esquema, em diferentes domínios, incluindo a Estatística e a Econometria. Algumas das contribuições relacionadas com este tipo de trabalho são Altman et al (1991), Zadeh (1965), Quinlan (1993), Doumpos e Zopounidis (2002).

Hanna Sawicka et al (2010) apresentaram a aplicação de diferentes métodos de ajuda à decisão com critérios múltiplos em dois sistemas logísticos. Um deles é o sistema polaco, enquanto o segundo é um sistema mundial que também opera na Polónia. Com base na sua análise precisa, foram identificados os pontos fortes e fracos. Estes levaram à construção de diferentes alternativas - desenvolvimento de cenários dos dois sistemas logísticos considerados. As alternativas foram concebidas de forma heurística e avaliadas segundo dois conjuntos de critérios diferentes. Em ambos os casos, a seleção da solução mais desejável era o requisito essencial. O problema de decisão formulado foi um problema de classificação multicritério, pelo que todos os cenários de desenvolvimento considerados foram classificados do melhor para o pior.

A metodologia da MCDA é aplicada através da seleção de métodos de classificação adequados, nomeadamente ELECTRE TRI e AHP.

Flávio Trojan e Danielle Costa Morais (2012) desenvolveram um modelo fazendo uso do método multicritério outranking, ou seja, ELECTRE TRI em seu arcabouço. Lambert e Himer (2000) mostraram que os sistemas de abastecimento de água possuem, por sua natureza e complexidade, algum grau de perda na produção e distribuição. O grande objetivo foi ordenar as áreas de medição de caudal de uma rede de distribuição de água, por prioridade de manutenção, com dados recolhidos de um sistema automatizado de deteção de anomalias. Com este modelo proposto tornou-se possível melhorar a afetação das medidas de manutenção por regiões e principalmente melhorar a operação da rede de distribuição.

Ananya Chakraborthy e M. Chakraborthy (2012) trabalharam no planeamento ótimo da mistura de carvão de diferentes graus, para o que propuseram um algoritmo genético multicritério. O principal objetivo da proposta deste algoritmo genético multicritério era fixar os níveis de amostras de carvão bruto de diferentes veios de carvão, para maximizar o rendimento e restringir o custo de entrada do carvão bruto a ser alimentado para beneficiação. Erarslan.K et al (2001) desenvolveram um modelo de programação linear para determinar a mistura óptima de carvão em termos de qualidade e quantidade. Em linhas semelhantes, Kumrall, M (2003), Shih e Frey (1995), Guo et al (2009) contribuíram para o desenvolvimento de métodos de programação de otimização para lidar com o processo de mistura de carvão e minerais.

Até agora, apresentámos um esboço das metodologias existentes e das vastas aplicações da abordagem de outranking - método ELECTRE TRI. Na próxima secção, centramo-nos numa outra técnica multicritério, designada por programação por objectivos.

2.3 Técnicas de Programação por Objectivos Lineares

Aqui, apresentamos algumas das versões básicas da programação por objectivos e destacamos a sua grande variedade de aplicações e o seu âmbito no domínio da tomada de decisões. Tamiz e Jones (1995) apresentaram uma revisão da literatura atual sobre o ramo da modelação de decisões multicritério conhecido como programação de objectivos. Os autores referiram que as suas investigações aprofundadas sobre os dois principais métodos de programação de objectivos, como o lexicográfico e o ponderado, resultaram em áreas de aplicação distintas. A correlação entre o método de atribuição de pesos e prioridades e o padrão dos resultados também foi verificada. A gama de aplicações, como o planeamento de recursos académicos, a contabilidade, o planeamento agrícola, a previsão de energia, a gestão de carteiras, o planeamento de recursos hídricos, a gestão de bibliotecas e a programação de meios de comunicação, entre muitas outras, foi compilada sob a forma de livros em meados da década de 1970 por Lee e Ignizio. Durante o final dos anos 70 e início dos anos 80, vários autores entraram em conflito quanto à eficácia desta técnica como ferramenta de aplicação. Romero (1991) fez um estudo bibliográfico sobre várias aplicações da programação por objectivos. No total, foram listados 355 artigos que tratavam de aplicações de programação por objectivos em 26 áreas distintas. Estas incluem métodos multi-critério interactivos (Masud e Hwang, 1981). Técnicas Delphi (Korramshagol, Hooshiari e Azani, 1988, 1991), Saaty (1981), abordagem hierárquica analítica e redes de sistemas de planeamento e gestão de recursos (RPMS) (Shim e Chin, 1991). Até à data, a maioria dos trabalhos que utilizam a programação por objectivos utilizou o conceito de programação por objectivos lexicográfica, que foi popularmente desenvolvido no final da década de 1970 e no início da década de 1980. As áreas de aplicação com uma concentração acima da média de trabalhos de programação de objectivos lexicográfica tendem a ser aquelas em que existe uma ordenação natural, permitindo uma ordenação preventiva dos níveis de prioridade. Essas áreas incluem o planeamento académico, a gestão de inventários, o planeamento de investimentos e a gestão de carteiras, o marketing e o controlo de qualidade, etc. Na mesma linha, a programação ponderada de objectivos foi também considerada uma ferramenta de aplicação em áreas como o planeamento financeiro e agrícola, a gestão das pescas e das florestas, o planeamento da mão de obra e muitas outras.

Sumpsi J.M. et al (1993, 1996) apresentaram os aspectos básicos do procedimento analítico e articularam a estrutura algorítmica no âmbito de uma programação por objectivos. Esta metodologia é apresentada de seguida.

x = vetor de variáveis de decisão

F = conjunto exequível

fi(x) = expressão matemática do $i^{ésimo}$ objetivo

Wi = peso que mede a importância relativa atribuída ao $i^{ésimo}$ objetivo

fi* = valor ideal ou valor de referência do $i^{ésimo}$ objetivo

fi = valor real ou observado alcançado pelo $i^{ésimo}$ objetivo

fij = valor obtido pelo objetivo i^{th} quando o objectivojth é optimizado

Os caracteres exógenos ou endógenos de cada variável e das funções objetivo, bem como o seu procedimento de cálculo dado por Romero e Rehman (1989), são apresentados aqui como um procedimento por etapas.

Etapa 1: Definir um conjunto provisório de objectivos $\{f_i(x) \ldots, f_i(x) \ldots, f_q(x)\}$ que procura representar os objectivos reais

Passo 2: Determinar a matriz de compensação

Passo 3: Obter o primeiro elemento da primeira coluna desta matriz, resolvendo o seguinte modelo de programação matemática:

$$\begin{aligned} &\text{Max } f_i(x) \\ &\text{subject to } x \in F \end{aligned} \qquad (2.3.1)$$

Passo 4: O ótimo de (2.3.1) $(f^* = f_{ii})$ é a primeira entrada da matriz de compensação.

Passo 5: Obter as outras entradas da primeira coluna substituindo o vetor ótimo das variáveis de decisão fornecido por (2.3.1) nos outros objectivos q- 1.

Passo 6: Resolver os modelos de programação matemática q-1 para os outros q-1 objectivos para obter a matriz de compensação.

É interessante notar que, em alguns casos, a matriz de compensação não é única, uma vez que existem várias soluções óptimas alternativas. Neste caso, a solução para (2.3.1) pode ser obtida em relação ao vetor de valores observados $(f_l, \ldots, f_i, \ldots, f_q)$. Esta tarefa pode ser realizada através da resolução de um problema de programação lexicográfica de objectivos. Assim, para a primeira coluna da matriz de pay-off temos:

$$\begin{aligned} &\text{Lex min a:} \left[-f_i(x), \sum_{i=2}^{q} \frac{n_i + p_i}{f_i} \right] \\ &\text{subject to} \\ &f_i(x) + n_i - p_i = f_i, \qquad i = 2, \ldots, q, \; x \in F \end{aligned} \qquad (2.3.2)$$

Outro procedimento possível que se adopta consiste em formular um modelo de programação de objectivos ponderados com variáveis de desvio percentual (Ignizio (1976) e Romero (1991)) da seguinte forma

$$\min\left[(n_1+p_1)\frac{1}{f_1}+\ldots+(n_i+p_i)\frac{1}{f_i}+\ldots+(n_q+p_q)\frac{1}{f_q}\right]$$

subject to

$$w_1 \quad f_{11}+\ldots+w_i \quad f_{1i}+\ldots+w_q \quad f_{1q}+n_1-p_1=f_i$$

$$\ldots$$

$$\ldots$$

$$w_1 \quad f_{i1}+\ldots+w_i \quad f_{ii}+\ldots+w_q \quad f_{iq}+n_i-p_i=f_i, \tag{2.3.3}$$

$$\ldots$$

$$\ldots$$

$$w_1 \quad f_{q1}+\ldots+w_i \quad f_{qi}+\ldots+w_q \quad f_{qq}+n_q-p_q=f_q$$

$$w_1+\ldots+w_i+\ldots+w_q=1$$

em que n_i e p_i são as variáveis de desvio positivas e negativas que medem a superação e a sub-realização do $i^{ésimo}$ objetivo em relação a uma dada meta. A última condição de (2.3.3) não é essencial e é introduzida apenas para garantir que os pesos obtidos são normalizados.

Kalyanmoy Deb (1999) sugeriu a utilização de um algoritmo genético (AG) multi-objetivo para resolver o problema da programação por objectivos.

Para utilizar um AG multi-objetivo, cada objetivo foi convertido numa função objetiva equivalente. Ao contrário do método de programação por objectivos ponderados, a abordagem proposta não acrescenta qualquer restrição artificial à sua formulação.

Uma vez que os AG multiobjectivos têm demonstrado encontrar múltiplas soluções Pareto-óptimas (Srinivas e Deb, 1995), a abordagem proposta é suscetível de encontrar múltiplas soluções para o problema de programação por objectivos, cada uma correspondendo a uma definição diferente dos factores de ponderação. Isto torna a abordagem proposta independente do utilizador (ou) outro.

Além disso, uma vez que não foi utilizado nenhum fator de peso explícito para cada critério, o método também não é suscetível de ter qualquer dificuldade em encontrar soluções para problemas com um espaço de decisão viável não convexo.

Assim, um problema de programação por objectivos é convertido num problema de programação não linear (PNL), em que cada objetivo é convertido em pelo menos uma restrição de igualdade e o objetivo é minimizar todos os desvios ***p*** e *n*. Em seguida, descrevemos brevemente os três métodos populares referidos por Kalyanmoy Deb (1999)

Método 1: É utilizada uma função objetiva composta com desvios de cada uma das *M* funções critério:

Minimizar a sujeição a

$$
\begin{aligned}
&\sum_{j=1}^{M}\left(\alpha_j p_j+\beta_j n_j\right) \\
&f_i(\bar{x})-p_j+n_j=t_j \qquad \text{for each goal } j, \\
&\bar{x}\in F \\
&n_j p_j \geq 0, \qquad \text{for each goal } j.
\end{aligned}
\tag{2.3.4}
$$

Aqui, os parâmetros a_j e /> são factores de ponderação para desvios positivos e negativos da função critério j^{th}. Para objectivos do tipo inferior a igual, o parâmetro /3$_j$ é zero. Do mesmo modo, para os objectivos do tipo maior do que igual, o parâmetro a $_j$ é zero. Para objectivos do tipo gama, existe um par de restrições para cada função critério. Normalmente, os factores de peso a_j e /3$_j$ são fixados pelo utilizador, o que torna o método subjetivo para o utilizador.

Método2: Maged G. Iskander (2012), reformulou o programa de objectivos ponderados como um programa de objectivos lexicográficos com dois objectivos principais. O primeiro objetivo, que tem a primeira prioridade, procura minimizar o desvio normalizado indesejado ponderado máximo. O segundo objetivo, com a segunda prioridade, minimiza a soma dos desvios normalizados indesejados. Esta abordagem fornece uma solução que é consistente com o esquema de ponderação. Considere as seguintes restrições de objetivo linear normalizado

$$
\begin{aligned}
&\sum_{j=1}^{m}\left(\frac{a_{ij}}{b_i}\right)x_i+n_i\geq 1 \qquad i=1,2,\ldots,k_1, \\
&\sum_{j=1}^{m}\left(\frac{a_{ij}}{b_i}\right)x_i-p_i\leq 1 \qquad i=k_1+1,k_1+2,\ldots,k_2, \\
&\sum_{j=1}^{m}\left(\frac{a_{ij}}{b_i}\right)x_i+n_i-p_i=1 \; i=k_2+1,k_2+2,\ldots,k, \\
&\qquad x_j,n_i,p_i\geq 0, \quad j=1,2,\ldots,m;\; i=1,2,\ldots,k,
\end{aligned}
\tag{2.3.5}
$$

em que x_j é a variável de decisão não-negativajth. Para qualquer i-ésima restrição de objetivo, a representa o coeficiente da variável de decisão/^{h}, enquanto b_i é o nível de aspiração $(b_i\ 0)$, n e p_i são as variáveis de desvio negativo e positivo, respetivamente, $(n\ .\ p_i = 0)$. Os desvios negativos, os desvios positivos e ambos os desvios negativos e positivos devem ser minimizados, respetivamente, para as restrições de objetivo dadas em (2.3.5). Assim, o programa de objectivos ponderado normalizado sugerido pode ser apresentado da seguinte forma

$$Lex \quad \min z = \left\{ \lambda, \sum_{i=1}^{k_1} n_i + \sum_{i=k_1+1}^{k_2} p_i + \sum_{i=k_2+1}^{k} (n_i + p_i) \right\},$$

Subject to

$$\begin{aligned} & w_i n_i \leq \lambda, i = 1, 2, \ldots, k_1 \\ & w_i p_i \leq \lambda, i = k_1 + 1, k_1 + 2, \ldots, k_2 \\ & w_i (n_i + p_i) \leq \lambda, i = k_2 + 1, k_2 + 2, \ldots, k \\ & f_r(x_1, x_2, \ldots, x_m) \leq 0,\ r = i = 1, 2, \ldots, s, \end{aligned} \qquad (2.3.6)$$

and (2.3.5)

Os pesos relativos

$$w_i,\ i = 1, 2, \ldots, k,\ \sum_{i=1}^{k} w_i = 1$$

representam o esquema de preferências, que é a relação de realização desejável entre as restrições de objectivos.

Método3: Cheng Chuntian e Chau.K.W (2002) apresentaram um modelo de decisão de conflito multi-objetivo de três pessoas para o controlo de cheias em albufeiras. Para obter a decisão do grupo, procura-se primeiro a solução de negociação ideal através de programação satisfatória em duas fases e, em seguida, a alternativa de decisão é escolhida utilizando o reconhecimento de padrões difusos. As vantagens deste modelo são simples e mais adaptáveis ao problema real. Três partes A, B e C podem ser consideradas como constituindo uma situação arbitrada definida, que é denotada por M = (A, B; *xf*, . . . ; x_m; C). A programação de compromisso difusa procura a solução de compromisso entre os vários objectivos de um problema de tomada de decisão multicritério com a maximização das funções de membro para os objectivos na primeira fase e o cálculo da média das funções de membro para os objectivos na segunda fase. A solução de arbitragem, que é designada por solução de negociação ideal neste documento, é obtida através de programação satisfatória em duas fases.

A programação da primeira fase consiste em obter

$$\begin{aligned} & \max \quad SF_B(X) \\ & \text{s.t.} \quad \begin{cases} SF_A(X) = SF_B(X), \\ X \in S \end{cases} \end{aligned} \qquad (2.3.7a)$$

e a programação da segunda fase consiste em obter

$$\begin{aligned} & \max \quad SF_A(X) + SF_B(X) \\ & \text{s.t.} \quad \begin{cases} SF_A(X) \geq SF_A(X_0), \\ SF_B(X) \geq SF_B(X_0), \\ X \in S, \end{cases} \end{aligned} \qquad (2.3.7b)$$

onde $SF_A(\,)$ e $SF_B(\,)$ são as funções de satisfação de A e B, respetivamente, *X* é um vetor de dimensão m e S é a condição de restrição. (2.3.7a) representa a maximização da função de satisfação de B de forma a buscar uma solução ideal inicial *Xo* sob os mesmos valores para $SF_A(\,)$ e $SF_B(\,)$, que satisfazem as mesmas funções. (2.3.7b) representa a maximização da soma das funções satisfazentes de A e B de forma a obter a solução ideal *X** com melhoria nas funções satisfazentes de A e B. O máximo do objetivo remete para a ideia de ótimo multiobjectivo tradicional, em que os multi-objectivos são transformados num problema de otimização de objetivo único através da definição de um escalar que agrega as várias funções objetivo. Estes operadores de agregação são geralmente "+". As funções satisfatórias $SF_A(\,)$ e $SF_B(\,)$ podem ser construídas através de (2.3.8a) e (2.3.8b), respetivamente. Para o objetivo de que o maior valor representa o melhor:

$$SF_A(x_j) = \frac{x_j - \Pi_{i=1}^n a_{ij}}{V_{i=1}^n a_{ij} - \Pi_{i=1}^n a_{ij}},$$
$$SF_B(x_j) = \frac{x_j \Pi_{i=1}^n b_{ij}}{V_{i=1}^n b_{ij} - \Pi_{i=1}^n b_{ij}}. \quad (2.3.8a)$$

Para o objetivo de que quanto menor for o valor, melhor:

$$SF_A(x_j) = \frac{\Pi_{i=1}^n a_{ij} - x_j}{V_{i=1}^n a_{ij} - \Pi_{i=1}^n a_{ij}},$$
$$SF_B(x_j) = \frac{\Pi_{i=1}^n b_{ij} - x_j}{V_{i=1}^n b_{ij} - \Pi_{i=1}^n b_{ij}}. \quad (2.3.8b)$$

De acordo com as expressões acima, as funções sinteticamente satisfatórias de A e B podem ser obtidas

$$SF_A(X) = \sum_{j=1}^{m} \alpha_j . SF_A(x_j) \quad (2.3.9a)$$

$$SF_B(X) = \sum_{j=1}^{m} \beta_j . SF_B(x_j) \quad (2.3.9b)$$

Em (2.3.9a) e (2.3.9b), *a/* e *Pj* são os coeficientes de peso de A e B, respetivamente, para o objetivo */*, que reflectem a estrutura de prioridades de A e B nas alternativas recomendadas. Substituindo (2.3.9a) e (2.3.9b) em (2.3.7a) e (2.3.7b), obtém-se a solução arbitral *X** = *(x*i,...,x$_m$*. Para o problema de arbitragem com variáveis independentes *xf, . . . ; x$_m$,* a solução de arbitragem é, sem dúvida, a solução de negociação para o problema conflituoso. No entanto, é bastante comum no problema real que existam contradições entre múltiplos objectivos e que seja difícil obter uma alternativa que reflicta exatamente o estado do valor objetivo acima referido. Por conseguinte, *X** é apenas o estado ideal e não é possível existir no caso real.

Gomez.T et al (2006) propuseram um modelo que visa alcançar esta nova distribuição, tendo em conta os aspectos económicos da floresta, bem como outros factores. O principal interesse na programação fraccionada foi gerado pelo facto de vários problemas de otimização da engenharia e da economia exigirem a otimização de um rácio entre funções físicas e/ou económicas. Para mais detalhes sobre a programação de objectivos fraccionados, pode consultar-se o capítulo de Romero (1991), Awerbuch et al (1976), Soyter e Lev (1978) e Caballero e Herna'ndez (2006).

Na secção seguinte, apresentamos a importância, o âmbito e a metodologia de outra abordagem multicritério, nomeadamente, o Processo de Hierarquia Analítica.

2.4 O Processo Analítico Hierárquico (AHP)

Os primeiros contributos de Saaty deram origem a uma multiplicidade de aplicações do "escalonamento" de uma matriz de dominância pelo vetor próprio da direita principal (PR). Antes do trabalho de Saaty (1977-1984), o escalonamento de matrizes de dominância recebia pouca atenção no escalonamento multidimensional (Shepard, 1972). Este método de escalonamento de vectores próprios (EM) produz pontuações u (pesos) popularmente utilizadas em cada ramificação da técnica do processo hierárquico analítico (AHP), que tem sido cada vez mais aplicada na análise de critérios múltiplos de utilidade, preferência, probabilidade e desempenho. Robert E. Jensen (1984) propôs uma técnica alternativa de escalonamento pelo método dos mínimos quadrados (LSM), que permite obter os mínimos

Os quadrados das pontuações óptimas (pesos) fornecem valores w_{i^*} com uma série de vantagens importantes em relação às pontuações u_i popularmente utilizadas até à data.

Saaty (1977) introduziu um método para obter "pesos de prioridade" associados a um conjunto de alternativas mutuamente exclusivas. Os "pesos de prioridade", ou simplesmente "prioridades", são números positivos somados a um que reflectem a importância das alternativas, avaliadas à luz de vários critérios. O método é uma técnica imaginativa que encontrou diversas aplicações em áreas como o marketing (Wind e Saaty, 1980), o planeamento da saúde (Lusk, 1979), os estudos de transportes (Saaty, 1977b) e a nomeação de pessoal (Lootsma, 1980). A versão alargada do AHP e uma discussão pormenorizada podem ser encontradas em Saaty (1980). Desde o aparecimento do trabalho de Saaty (1977a), vários autores consideraram técnicas de escalonamento alternativas ao método dos vectores próprios originalmente proposto. Estas técnicas alternativas incluem o método dos mínimos quadrados (Jensen, 1984) e o método dos mínimos quadrados logarítmicos (LLSM) (Rabinowitz (1976), de Graan (1980), Fichtner (1983)). Todos estes métodos produzem uma aproximação de grau um e coincidem quando a matriz de comparação é consistente. Quando há inconsistência, os diferentes métodos dão geralmente origem a diferentes aproximações de grau um. Uma questão importante é então: qual é o melhor método de escalonamento? Para responder a esta questão, Jensen (1984) e Saaty e Vargas (1984) consideraram a propriedade de inversão da ordem como uma das principais propriedades matemáticas. Piet De Jong (1984) analisou as propriedades estatísticas associadas ao LLSM. Foi demonstrado que o LLSM tem propriedades estatísticas de optimalidade em modelos específicos de comparação entre pares. Esta ênfase no LLSM não implica que outros métodos não sejam estatisticamente óptimos sob um modelo apropriado. De facto, espera-se que a presente contribuição estimule o interesse em formulações estatísticas alternativas. As contribuições específicas do artigo são as seguintes: de Graan (1980) e Williams e Crawford mostraram que o LLSM é estatisticamente eficiente e não enviesado num modelo básico de comparações. No entanto, é também demonstrado que o LLSM mantém a sua optimalidade sob uma extensão praticamente realista do modelo básico. A extensão permite a correlação entre as respostas, como é provável na prática.

Jacques Carriere e Mark Finster (1992) caracterizaram alguns desenhos experimentais que produzem uma escala de rácio estimável e desenvolveram um estimador não enviesado de variância mínima uniforme dos parâmetros da escala. Este modelo decorre do método de escalonamento de Saaty (1977) para prioridades em estruturas hierárquicas e dos modelos de comparação emparelhada de soma constante apresentados por Hauser e Shugan (1980). É desenvolvido um estimador quando apenas um sujeito de todas as comparações p(p -1)/2 é efectuado e está correlacionado. Além disso, uma versão de interceção do modelo padrão é também investigada e testada quanto à sua consistência e fiabilidade.

Christian Genest e Rivest (1994) preocuparam-se com o problema de estimar os pesos de $n > 2$ objectos ou atributos a partir de um conjunto de $n\ (n - 1)/2$ preferências emparelhadas expressas numa escala de razão. Um procedimento alternativo, baseado na teoria estatística dos modelos lineares, consiste em minimizar a soma total dos desvios quadrados medidos numa escala logarítmica (de Jong, 1984), (Crawford e Williams, 1985). Nos últimos anos, estudos de simulação alargados revelaram que os dois métodos têm tendência para produzir estimativas semelhantes.

O método dos vectores próprios (EM) e alguns métodos de minimização da distância, como o método dos mínimos quadrados (LSM), são as ferramentas possíveis para calcular as prioridades das alternativas. Um método para gerar todas as soluções do problema LSM para matrizes 3x3 e 4x4 é discutido em Bozoki e Lewis (2006). O rácio de coerência é, por definição, o índice de coerência aleatório modificado (MCRI)

$$CR = \frac{CI}{MRCI_n}, \quad \text{where } CI = \frac{\lambda_{\max} - n}{n-1}; \qquad MRCI_n = \frac{\lambda_{\max} - n}{n-1} \tag{2.4.1}$$

Saaty, T.L. sugeriu que um rácio de consistência de cerca de 10% ou menos deve ser normalmente considerado aceitável. Este limite de 10% é frequentemente válido para matrizes pequenas. Computacionalmente, demonstrou-se que o número de matrizes aleatórias com uma razão de consistência inferior a 10% diminui drasticamente à medida que n aumenta. Foram geradas 10^7 matrizes aleatórias para cada $n=3$, 4, ... ,10.

n	3	4	5	6	7	8	9	10
Number of matrices under 10%	$2.08 \, . \, 10^6$	$3.16 \, .10^5$	$2.41 \, .10^4$	787	14	0	0	0

O método dos mínimos quadrados (LSM) apresentado por Bozoki e Lewis (2006) é o seguinte

$$\min \sum_{i=1}^{n}\sum_{j=1}^{n}\left(a_{ij} - \frac{w_i}{w_j}\right)^2$$

$$\sum_{i=1}^{n} w_i \tag{2.4.2}$$

$$w_i > 0 \qquad i = 1, 2, \ldots, n.$$

O LSM é bastante difícil de resolver porque a função objetivo é não linear e, normalmente, não convexa; além disso, não existe uma solução única (Jensen (1983, 1984)) e as soluções não são facilmente computáveis. Farkas (2001) aplicou o método de Newton de aproximação sucessiva e este método requer um bom ponto inicial para encontrar a solução.

Em muitas aplicações de engenharia industrial, a decisão final baseia-se na avaliação de um certo número de alternativas em termos de um certo número de critérios. Este problema pode tornar-se muito difícil quando os critérios são expressos em unidades diferentes ou os dados pertinentes são difíceis de quantificar. Traintaphyllou e Mann (1995) examinaram algumas das questões práticas e computacionais envolvidas quando o método AHP é utilizado em aplicações de engenharia.

Saaty e Hu (1998) deram contra-exemplos para mostrar que, na tomada de decisões, diferentes métodos de derivação de vectores de prioridade podem ser próximos para cada matriz de comparação entre pares, mas podem conduzir a classificações globais diferentes. Quando os juízos são inconsistentes, a sua transitividade afecta o resultado e deve ser tida em consideração no vetor derivado. Sabe-se que o vetor próprio principal capta a transitividade de forma única e é a única forma de obter a classificação correta numa escala de rácio das alternativas de uma decisão. Os exemplos do sítio são apresentados a seguir.

Denotemos o vetor de prioridades derivado dos dois métodos por $w = (w_{15}w_2,\ldots,w_n$j e $x = (xj,x_2,\ldots,x_n$, respetivamente. A matriz de decisão é designada por A = *(ay), a^ = (lay, aij* > 0, *i,j* = 1, 2,..., *n*. O EM procura o vetor próprio principal *em* $A = \lambda_{max} w$, em que λ_{max} é o valor próprio principal de A.

A solução EM é dada por

$$w = \lim_{k\to\infty}\left(\frac{A^k e^T}{eA^k e^T}\right),; \quad \text{where } e=(1,1,\ldots,1). \tag{2.4.3}$$

O Método dos Mínimos Quadrados Logarítmicos (LLSM) minimiza em relação a x.

$$\sum_{i,j=1}^{n}\left(\log a_{ij} - \log \frac{x_i}{x_j}\right)^2$$

A solução LLSM é dada pelos produtos normalizados dos elementos em cada linha:

$$x_i = \frac{\left(\prod_{j=1}^{n} a_{ij}\right)^{1/n}}{\sum_{i=1}^{n}\left(\prod_{j=1}^{n} a_{ij}\right)^{1/n}}, \qquad i = 1, 2, \ldots, n. \qquad (2.4.4)$$

A formulação LLSM requer o pressuposto adicional da minimização das diferenças. A formulação do Método dos Vectores Próprios não requer tal pressuposto. Sabe-se que o EM e o LLSM coincidem nos seus resultados quando $n < 3$. Para que o exemplo mais simples demonstre a variabilidade nas classificações, é necessário utilizar pelo menos quatro critérios e quatro alternativas.

Genest e M'Lan (1999) preocuparam-se com a estimativa de prioridades para $n > 2$ itens relativamente a um único critério no contexto do Analytic Hierarchy Process. Na sequência do trabalho de Saaty (1977,1980), a extração dos pesos das prioridades tem sido tradicionalmente baseada no vetor próprio normalizado correspondente ao maior valor próprio de uma matriz recíproca cujas entradas são as comparações emparelhadas entre os itens, expressas numa escala de rácio. Foi apresentado um procedimento alternativo, de máxima verosimilhança, que parte de uma interpretação de cada julgamento emparelhado como um rácio de vitória/derrota resultante de um confronto mental instantâneo dos itens em questão. Foram apresentadas as propriedades desta técnica de hierarquização e feitas comparações com o método de escalonamento de Saaty e o método dos mínimos quadrados logarítmicos.

Saaty (2003) demonstrou que o vetor próprio principal é uma representação necessária das prioridades derivadas de uma matriz de juízos de comparação positiva recíproca $A=(a_{ij})$ em que A é uma pequena perturbação de uma matriz consistente. Ao emitir juízos numéricos, um indivíduo tenta estimar sequencialmente uma escala de rácios subjacente e a sua matriz consistente equivalente de rácios. Além disso, considerou-se que o julgamento é mais sensível e reativo a grandes perturbações do que a pequenas perturbações e, por isso, uma vez atingida a consistência próxima, torna-se incerto quais os coeficientes que devem ser perturbados em pequenas quantidades para transformar uma matriz quase consistente numa matriz consistente. Se essas perturbações fossem forçadas, poderiam ser arbitrárias e, assim, distorcer a validade do vetor de prioridades derivado na representação da decisão subjacente.

Jose Antonio Alonso e Teresa Lamata (2006) apresentaram um critério estatístico para aceitar/rejeitar as matrizes de comparação recíproca entre pares no processo de hierarquia analítica. Estudaram a consistência das matrizes aleatórias, considerando diferentes tamanhos. O seu sistema é capaz de adaptar os requisitos de aceitação a diferentes âmbitos e necessidades de consistência.

Daji Ergu et al (2011) desenvolveram testes de consistência para as matrizes de comparação de pares e foram amplamente estudados. No entanto, os métodos existentes eram demasiado complicados para serem aplicados no processo de revisão da matriz de comparação inconsistente ou difíceis de preservar a maior parte da informação de comparação original devido à utilização de uma nova matriz de comparação de pares. Esses métodos podem funcionar para o AHP, mas não para o Analytical Network Process (ANP), uma vez que a matriz de comparação tem de ser rigorosamente consistente. Para melhorar o rácio de consistência, propuseram um método simples, que combina o teorema da multiplicação de matrizes, o produto escalar dos vectores e a definição de uma matriz de comparação par a par consistente, para identificar os elementos inconsistentes. A correção do método proposto é provada matematicamente. Os estudos experimentais também mostraram que o método proposto é exato e eficiente no processo de revisão do decisor para satisfazer os requisitos de consistência do AHP/ANP.

No capítulo seguinte, desenvolvemos algoritmos de folha de cálculo para lidar com problemas de MCDA - ELECTRE TRI. Para além disso, é também realçada a importância e a utilização das funções integradas do Excel.

Capítulo III

Resolução de problemas de ajuda à decisão multi-critério (MCDA) Problemas na utilização de folhas de cálculo

3.1 Introdução

No âmbito das técnicas MCDA, o método ELECTRE TRI é considerado uma das técnicas importantes para lidar com critérios múltiplos e ajuda a lidar facilmente com problemas de decisão complexos. Neste caso, a estrutura matemática do método ELECTRE TRI é apoiada por algoritmos de folha de cálculo. Embora existam programas informáticos padrão como o CSMAA (um software de fácil utilização para o SMAA-III/TRI/3), o Decision Lab 2000 (Visual Decision / ULB), o DSS Site Tools versão 1.0, o ELECTRE TRI 2.0a, o FINCLASS (Multicriteria Decision Support for Financial Classification Problems), etc., para lidar com as técnicas MCDA, estes são económicos e não são fáceis de utilizar. Por conseguinte, centrámo-nos na utilidade das folhas de cálculo e das suas funções incorporadas no tratamento das técnicas MCDA. Como as folhas de cálculo também são consideradas uma ferramenta de programação, destacamos as suas caraterísticas significativas utilizando as funções e sub-rotinas incorporadas. Neste capítulo, começamos por delinear a metodologia do método ELECTRE TRI e, em seguida, é feita uma explicação pormenorizada dos algoritmos desenvolvidos.

3.2 Metodologia ELECTRE TRI

O método ELECTRE TRI tem duas fases. Na fase I, serão calculados os índices de outranking e identificadas as relações entre os pares de alternativas e critérios. Na fase II, utilizando as relações de outranking obtidas e o nível de corte λ' definido, será apresentado o resultado final para o problema MCDA.

Fase I

Para construir a relação de classificação superior $x_i S b_q$, cada alternativa x_i e cada alternativa de fronteira b_q devem ser classificadas através do seguinte procedimento

1. Calcular os índices de concordância parcial $c_j(x_i, b_q)$ e $c_j(b_q, x_i)$ para cada critério g_j de acordo com a direção crescente das preferências. O índice de concordância parcial $c_j(x_i, b_{(q)})$ é o seguinte

$$C_j(x_i,b_q)=\begin{cases} 0, & \text{if } g_j(b_q)-g_j(x_i)\geq p_j(b_q) \\ 1, & \text{if } g_j(b_q)-g_j(x_i)<q_j(b_q) \\ \dfrac{p_j(b_q)-g_j(b_q)+g_j(x_i)}{p_j(b_q)-q_j(b_q)}, & \text{if } g_j(b_q)-p_j(b_q)<g_j(x_i)\leq g_j(b_q)-q_j(b_q) \end{cases} \quad (3.2.1a)$$

O índice de concordância parcial $c_j\,[b_q, x_i]$ é o seguinte

$$C_j(b_q,x_i)=\begin{cases} 0, & if\ g_j(x_i)-g_j(b_q)\geq p_j(x_i) \\ 1, & if\ g_j(x_i)-g_j(b_q)<q_j(x_i) \\ \dfrac{p_j(x_i)-g_j(x_i)+g_j(b_q)}{p_j(x_i)-q_j(x_i)}, & if\ g_j(x_i)-p_j(x_i)<g_j(b_q)\leq g_j(x_i)-q_j(x_i) \end{cases} \quad (3.2.1b)$$

A figura 3.1, a seguir, representa a anatomia gráfica das expressões acima 3.2.1 (a) e (b)

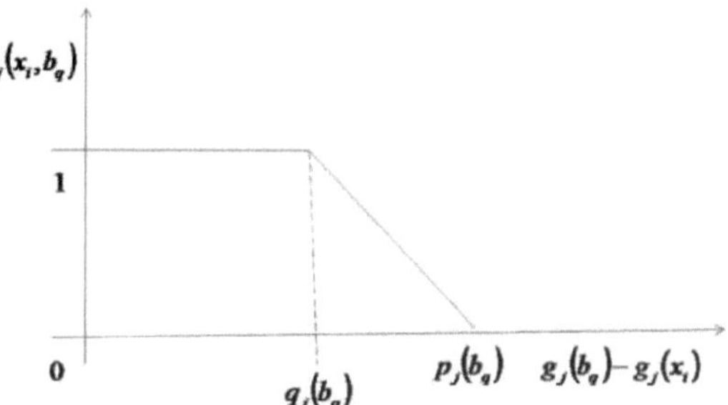

Figura 3.1: Concordância parcial

2. Encontrar os índices de concordância global $C\,[x_i, b_q]$ e $C\,[b_q, x]$ como uma agregação de índices de concordância parcial

$$C(x_i,b_q)=\frac{\sum_{j=1}^{n} W_j C_j(x_i,b_q)}{\sum_{j=1}^{n} W_j} \quad ; \quad C_j(b_q,x_i)=\frac{\sum_{j=1}^{n} W_j C_j(b_q,x_i)}{\sum_{j=1}^{n} W_j} \quad (3.2.2)$$

3. Calcular os índices de discordância parcial $DJ\,(x_i, b_q)$ e $D_j\,(b_q, x)$ para cada critério g_j. De acordo com a direção crescente da preferência.

$$D_j(x_i,b_q)=\begin{cases} 0, & if\ g_j(b_q)-g_j(x_i)<p_j(b_q) \\ 1, & if\ g_j(b_q)-g_j(x_i)\geq v_j(b_q) \\ \dfrac{g_j(b_q)-g_j(x_i)-p_j(b_q)}{v_j(b_q)-p_j(b_q)}, & if\ g_j(b_q)-v_j(b_q)<g_j(x_i)\leq g_j(b_q)-p_j(b_q) \end{cases} \quad (3.2.3a)$$

O índice de discordância parcial $DJ\,(x_i, b_e)$ é o seguinte

$$D_j(b_q,x_i)=\begin{cases}0, & if\ g_j(x_i)-g_j(b_q)<p_j(x_i)\\ 1, & if\ g_j(x_i)-g_j(b_q)\geq q_j(x_i)\\ \dfrac{g_j(x_i)-g_j(b_q)-p_j(x_i)}{v_j(x_i)-p_j(x_i)}, & if\ g_j(x_i)-v_j(x_i)<g_j(b_q)\leq g_j(x_i)-p_j(x_i)\end{cases} \qquad (3.2.3b)$$

A figura 3.2 explica a representação gráfica das equações 3.2.3(a) e (b) acima

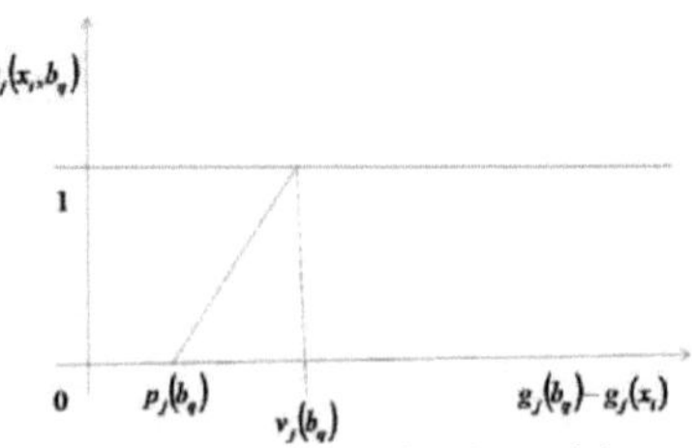

Figura 3.2: Discordância parcial

4. Calcule os índices de classificação superior $S(x_i, b_q)$ e $S(b_q, x_i)$, que mostram a credibilidade da classificação superior. O índice de credibilidade de x_i em relação a b_q, assumindo $S(x_i, b_q)$e [0,1], é o seguinte

$$S(b_q,x_i)=\begin{cases}C(x_i,b_q)\prod_{j=1}^{n}\dfrac{1-D_j(x_i,b_q)}{1-C(x_i,b_q)}, & if\ D_j(x_i,b_q)>C(x_i,b_q)\\ C(x_i,b_q), Otherwise\end{cases}$$

(3.2.4)

$$S(b_q,x_i)=\begin{cases}C(b_q,x_i)\prod_{j=1}^{n}\dfrac{1-D_j(b_q,x_i)}{1-C(b_q,x_i)}, & if\ D_j(b_q,x_i)>C(b_q,x_i)\\ C(b_q,x_i), Otherwise\end{cases}$$

5. O valor dos índices de classificação superior é comparado com o nível de corte λ, que é definido pelo decisor e se situa no intervalo [0,5, 1].

- Se $S(x_i, b_q) > \lambda$ e $S(b_q, x_i) > \lambda$= $x_i I b_q$, então a alternativa x_i e b_q são *indiferentes*.
- Se $S(x_i, b_q) > \lambda$ e $S(b_q, x_i) < \lambda$= $x_i P b_q$ ou $x_i Q b_q$, então a alternativa x_i é *forte* ou *fracamente* preferida à alternativa de fronteira b_q.

a) Se $S(x_i, b_q) < \lambda$ e $S(b_q, x_i) > \lambda$= $b(q) P x_i$ ou $b_q Q x_i$, então a alternativa de fronteira b_q é *forte* ou *fracamente* a x_i.

b) Se $S(x_i, b_q) < \lambda$ e $S(b_q, x_i) < \lambda$ xJb= ^ então a alternativa x_i e b_q são *meomparáveis*.

Fase II

Ao utilizar os índices de classificação externa calculados na Fase I, o decisor tem a opção de escolher um procedimento otimista ou um procedimento pessimista, ou ambos. Após a escolha de um procedimento alternativo, a comparação dos índices de classificação externa para cada par de alternativas x será classificada utilizando cada alternativa de fronteira b_q para o nível de corte λ.

(a) O procedimento otimista

Começa-se por comparar a alternativa x com o limite superior b_q da classe mais baixa l_q *{q=1,^,s)* e procede-se por ordem crescente até encontrar um limite superior b_q que tenha preferências estritas em relação às alternativas x_i, *calculando* depois $S(x_i, b_{(q-1)}))$ e atribuindo essa alternativa à classe l_q se $S(x_i, b_{q-i}) > \lambda$ e $S(x_i, b_q) < \lambda$.

O procedimento otimista atribui a x_i a categoria mais baixa C_q para a qual o limite superior b_q é preferível a x_i. Ao utilizar este procedimento com λ = 1, uma alternativa x_i pode ser atribuída à categoria C_q quando $g_j(b_q)$ excede $g_j(x_i)$ pelo menos para um critério. Quando λ diminui, o carácter otimista desta regra é enfraquecido.

(b)O procedimento pessimista

Neste procedimento, a comparação começa com a alternativa x_i para o limite inferior b_{q-i} da classe mais elevada l_q *(q=s,...,1")* e continua por ordem decrescente até ser encontrado um limite inferior b_{q} $_{l}$, ou seja, $x_iSb_q.i$. Para estimar a relação de classificação superior calculamos $S(x_i, b_{q-i})$. Uma vez obtida a relação de classificação superior, calculamos o índice de classificação superior entre x_i e b_q. Atribuímos a alternativa x_i a l_q se $S(x_i, b_{(q-1)})) > \lambda$ e $S(x_i, b_q) < \lambda$.

Por outras palavras, o procedimento acima descrito também pode ser expresso da seguinte forma: b_{q-i} e b_q são os limites superior e inferior da categoria C_q. O procedimento pessimista atribui a alternativa x_i à categoria C_q mais elevada, de modo a que $S(x_i, b_{q\cdot i}) > \lambda$. Quando se utiliza este procedimento com λ =1, uma alternativa x_i só pode ser atribuída à categoria C_q se $g_j(x_i)$ for igual ou superior a $g_j(b_{q\cdot i})$ para um critério. Quando λ diminui, o carácter pessimista desta regra enfraquece.

3.3 Comparação de dois procedimentos de atribuição

Suponhamos que uma alternativa x_i é atribuída a C_q e C_r pelos procedimentos pessimista e otimista, as seguintes condições são válidas

- C_q é menor ou igual a C_r (q < r)
- $C_q > C_r$, quando xJb_F para todo F, $r < F < q$.

Mais especificamente, quando a avaliação de uma alternativa se situa entre as duas alternativas-limite de uma categoria em cada critério, ambos os procedimentos (pessimista e otimista) atribuem essa alternativa a esse critério. Só existe divergência entre os resultados dos dois procedimentos de atribuição quando uma alternativa é incomparável com uma ou várias alternativas de fronteira b_q; nestes casos, a regra pessimista atribui a alternativa a uma categoria inferior à da otimista. A figura 3.3 seguinte ajuda a compreender os procedimentos de atribuição do método ELECTRE TRI

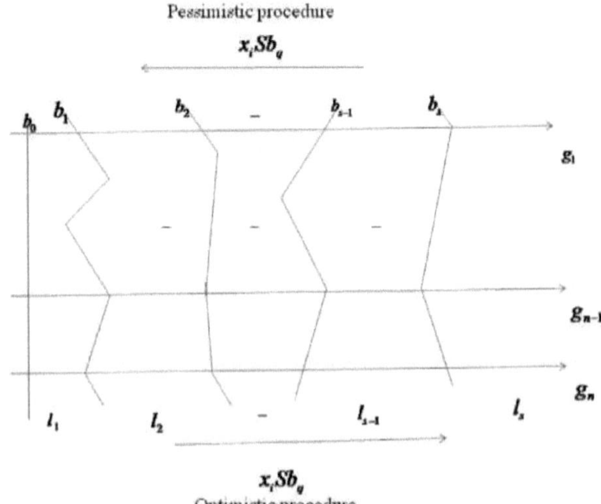

Figura 3.3: Demonstração gráfica dos procedimentos de atribuição do método ELECTRE TRI

Aqui, demonstramos um algoritmo de folha de cálculo para o método ELECTRE TRI utilizando uma ilustração numérica. Desenvolvemos dois algoritmos, dos quais o primeiro ajuda a encontrar os valores de concordância e discordância parciais, juntamente com o índice de superação entre x_i e b_q e o segundo algoritmo fornece a solução para b_q e x_L

Algoritmo 3.1

Step 1: Enter the criteria values along with alternatives in '*mxn*' design

Step 2: Enter threshold values in a separate row below the '*mxn*' design

Step 3: To compute the partial concordance between ith criteria and jth alternative $Cj(x_i, b_q)$ the following **'NESTED IF ( )'** condition has been used

"=IF ((B6-B10)>=B2, 0, IF ((B6-B9) < B2,1,((B2-B6+B10)/(B10-B9))))"

Step 4: Repeat Step 3 to find the concordance values.

Step 5: The overall concordance of two alternatives $C(x_i, b_q)$ can be obtained using **'SUMPRODUCT()'**function, "=SUMPRODUCT (H2:L2,B11:F11)/SUM(B11:F11)"

Step 6: To compute the partial discordance between ith criteria and jth alternative $Dj(x_i, b_q)$, the following **'NESTED IF ( )'** condition has been used

"=IF((B20-B24)<B16,0,IF((B20-B26)>=B16,1,((B20-B16-B24)/(B26-B24))))"

Step 7: To compute the out ranking index between ith criteria and jth alternative S(x_i, b_q) the following **'IF ( )'** condition has been used

"=IF(H16>S2,(S2*(1-H16)/(1-S2)),S2)"

Algoritmo 3.2

Step 1: Enter the criteria values along with alternatives in 'mxn' design.

Step 2: Enter threshold values in a separate row below the mxn design.

Step 3: To compute the partial concordance between ith criteria and jth alternative $Cj(b_q, x_i)$ the following **'NESTED IF ( )'** condition has been used

"=IF((B6+B10)<=B2,0,IF((B6+B9)>B2,1,((B6-B2+B10)/(B10-B9))))"

Step 4: Repeat Step 3 to find the remaining concordance values.

Step 5: The overall concordance of two alternatives $C(b_q, x_i)$ can be obtained using **'SUMPRODUCT()'**function, "=SUMPRODUCT(N2:R2,B11:F11)/SUM(B11:F11))"

Step 6: To compute the partial discordance between ith criteria and jth alternative $Dj(b_q, x_i)$, the following **'NESTED IF ( )'** condition has been used

"=IF((B16-B20)<B24,0,IF((B16- B20)>=B26,1,((B16-B20-B24)/(B26-B24))))"

Step 7: To compute the out ranking index between ith criteria and jth alternative S(b_q, x_i) the following **'IF ( )'** condition has been used

"=IF(H16>T2,(T2*(1-H16)/(1-T2)),T2)"

3.3 Ilustrações numéricas

Consideremos um problema MCDA que tem cinco critérios e três alternativas para cada critério. A tabela seguinte apresenta as alternativas de fronteira b1 e b2 e os vários limiares dados pelo decisor.

Ilustração 3.1

Alternatives	Criteria				
	g_1	g_2	g_3	g_4	g_5
x_1	75	67	85	82	90
x_2	28	35	70	90	95
x_3	45	60	55	68	60
Boundary Alternatives					
b_1	50	48	55	55	60
b_2	70	75	80	75	85
Thresholds					
Q (Indifference)	5	5	5	5	10
P (Preference)	10	10	10	10	10
W (Weights)	1	1	1	1	1
V (Veto)	30	30	30	30	30

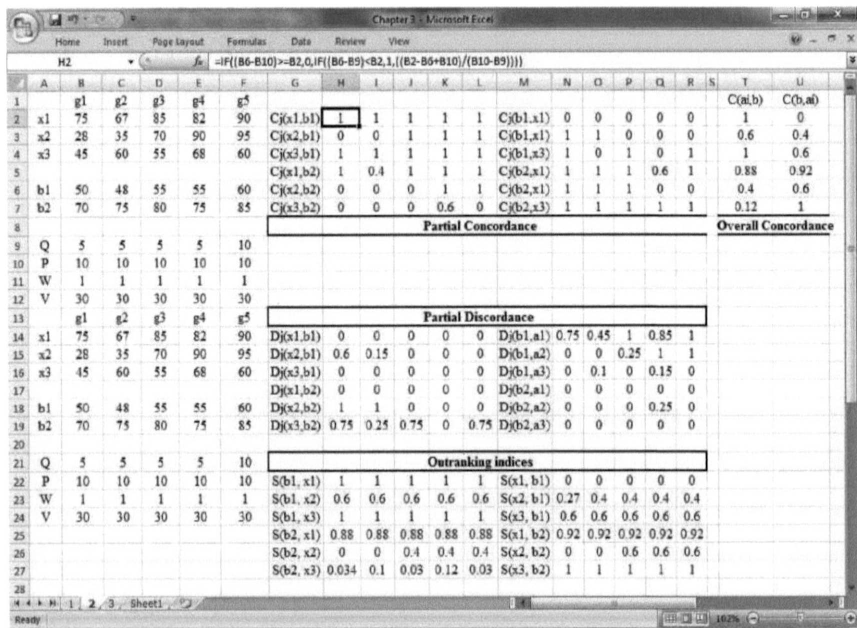

	A	B	C	D	E	F	G	H	I	J	K	L	M	N	O	P	Q	R	T	U
1		g1	g2	g3	g4	g5													C(ai,b)	C(b,ai)
2	x1	75	67	85	82	90	Cj(x1,b1)	1	1	1	1	1	Cj(b1,x1)	0	0	0	0	0	1	0
3	x2	28	35	70	90	95	Cj(x2,b1)	0	0	1	1	1	Cj(b1,x1)	1	1	0	0	0	0.6	0.4
4	x3	45	60	55	68	60	Cj(x3,b1)	1	1	1	1	1	Cj(b1,x3)	1	0	1	0	1	1	0.6
5							Cj(x1,b2)	1	0.4	1	1	1	Cj(b2,x1)	1	1	1	0.6	1	0.88	0.92
6	b1	50	48	55	55	60	Cj(x2,b2)	0	0	0	1	1	Cj(b2,x1)	1	1	1	0	0	0.4	0.6
7	b2	70	75	80	75	85	Cj(x3,b2)	0	0	0	0.6	0	Cj(b2,x3)	1	1	1	1	1	0.12	1
8							**Partial Concordance**												**Overall Concordance**	
9	Q	5	5	5	5	10														
10	P	10	10	10	10	10														
11	W	1	1	1	1	1														
12	V	30	30	30	30	30														
13		g1	g2	g3	g4	g5	**Partial Discordance**													
14	x1	75	67	85	82	90	Dj(x1,b1)	0	0	0	0	0	Dj(b1,a1)	0.75	0.45	1	0.85	1		
15	x2	28	35	70	90	95	Dj(x2,b1)	0.6	0.15	0	0	0	Dj(b1,a2)	0	0	0.25	1	1		
16	x3	45	60	55	68	60	Dj(x3,b1)	0	0	0	0	0	Dj(b1,a3)	0	0.1	0	0.15	0		
17							Dj(x1,b2)	0	0	0	0	0	Dj(b2,a1)	0	0	0	0	0		
18	b1	50	48	55	55	60	Dj(x2,b2)	1	1	0	0	0	Dj(b2,a2)	0	0	0	0.25	0		
19	b2	70	75	80	75	85	Dj(x3,b2)	0.75	0.25	0.75	0	0.75	Dj(b2,a3)	0	0	0	0	0		
20																				
21	Q	5	5	5	5	10	**Outranking indices**													
22	P	10	10	10	10	10	S(b1, x1)	1	1	1	1	1	S(x1, b1)	0	0	0	0	0		
23	W	1	1	1	1	1	S(b1, x2)	0.6	0.6	0.6	0.6	0.6	S(x2, b1)	0.27	0.4	0.4	0.4	0.4		
24	V	30	30	30	30	30	S(b1, x3)	1	1	1	1	1	S(x3, b1)	0.6	0.6	0.6	0.6	0.6		
25							S(b2, x1)	0.88	0.88	0.88	0.88	0.88	S(x1, b2)	0.92	0.92	0.92	0.92	0.92		
26							S(b2, x2)	0	0	0.4	0.4	0.4	S(x2, b2)	0	0	0.6	0.6	0.6		
27							S(b2, x3)	0.034	0.1	0.03	0.12	0.03	S(x3, b2)	1	1	1	1	1		
28																				

Figura 3.4: Modelo de folha de cálculo utilizado para calcular os índices do métodoELECTRE TRI

Agora, utilizando os algoritmos 3.1 e 3.2, são calculados os seguintes valores. Juntamente com a concordância e a discordância parciais, a concordância global também é apresentada na Figura 3.4a. Com base nos resultados apresentados na Figura 3.4, são calculados os índices de classificação superior de *S(*b_q*, x,)* e *Sfa, bq)*. As medidas de resultado destes índices de classificação superior são apresentadas nos quadros 3.1 e 3.2 seguintes.

Table 3.1: Outranking indices for $S(x_i, b_q)$

	g_1	g_2	g_3	g_4	g_5
$S(x_1, b_1)$	0	0	0	0	0
$S(x_2, b_1)$	0.267	0.4	0.4	0.4	0.4
$S(x_3, b_1)$	0.6	0.6	0.6	0.6	0.6
$S(x_1, b_2)$	0.92	0.92	0.92	0.92	0.92
$S(x_2, b_2)$	0	0	0.6	0.6	0.6
$S(x_3, b_2)$	1	1	1	1	1

Table 3.2: Outranking indices for $S(b_q, x_i)$

	g_1	g_2	g_3	g_4	g_5
$S(b_1, x_1)$	1	1	1	1	1
$S(b_1, x_2)$	0.6	0.6	0.6	0.6	0.6
$S(b_1, x_3)$	1	1	1	1	1
$S(b_2, x_1)$	0.88	0.88	0.88	0.88	0.88
$S(b_2, x_2)$	0	0	0.4	0.4	0.4
$S(b_2, x_3)$	0.034	0.102	0.034	0.12	0.034

Uma vez obtidos os índices de classificação, de acordo com o procedimento do método ELECTRE TRI, o decisor decidirá o nível de corte λ. Com base no nível de corte λ, será efectuada a comparação entre as alternativas e os critérios. Neste problema, o nível de corte λ é considerado como 0,75, com duas alternativas de fronteira b_1 e b_2

Primeiro consideremos a alternativa limite bi com três alternativas para gi. Os valores dos índices ***S*** (x_1, b_1) e ***S*** (b_1, x_1) mantêm a relação ***Q (preferência fraca), uma*** vez que ***S*** $(x_i, b_i) < \lambda$ [0 < 0.75] e ***S*** $(b_i, x_i) > \lambda$ [1 > 0.75]. Da mesma forma, se compararmos ***S*** (x_2, b_1) [0,267 < 0,75] e ***S*** (b_1, x_2) [0,6 < 0,75] com λ nota-se uma ***relação de Indiferença (I)***, pois estas duas relações são menores que λ.

Finalmente, ao comparar ***S*** (x_3, b_1) e ***S*** (b_3, x_3) com λ, observa-se que ***S*** $(x_3, b_1) < \lambda$ [0,6 < 0,75] e ***S*** $(b_3, x_3) > \lambda$ [1 > 0,75], o que significa que a relação de superação é de ***preferência fraca (Q).*** Assim, tentámos demonstrar todos os tipos de relações entre os critérios e as alternativas de fronteira utilizando um problema MCDA. Além disso, consideremos outra alternativa de fronteira b_2 para três alternativas para explicar e observar que tipo de relações existem entre elas.

Observa-se que ***S*** (x_3, b_2) e ***S*** $(b_2, x_3) > \lambda$ [0.92, 0.88 > 0.75], então a relação de superação é ***Incomparável (I).*** Do mesmo modo, se compararmos ***S*** (x_2, b_2) e ***S*** (b_2, x_2) com λ, as duas relações são inferiores a λ [0, 0 < 0,75], o que indica que a relação de supremacia é ***Incomparável (J)***

Comparando novamente ***S*** (x_3, b_2) e ***S*** (b_2, x_3) com λ, observa-se que ***S*** $(x_3, b_2) > \lambda$ [1> 0,75] e ***S*** $(b_2, x_3) < \lambda$ [0,034 < 0,75], a relação de superação é ***Preferência forte (P).*** Uma vez identificadas as relações de ordem superior, o decisor escolherá qualquer um dos procedimentos de atribuição. Aqui, discutimos brevemente os dois procedimentos para o mesmo problema.

A tabela 3.3 apresenta um esboço da relação de hierarquia entre os critérios e as alternativas.

Table 3.3 Outranking relation

Alternatives	g_1		g_2		g_3		g_4		g_5	
	b_1	b_2	b_1	b_2	b_1	b_2	b_1	b_2	b_1	b_2
x_1	Q	I	Q	I	Q	I	Q	I	Q	I
x_2	J	J	J	J	J	J	J	J	J	J
x_3	Q	P	Q	P	Q	P	Q	P	Q	P

em que I: Indiferença Q: Preferência fraca
J: Incomparável P: EstritaPreferência

Resultados da TRI ELECTRE utilizando o procedimento pessimista

- x_1 é atribuído a C_3 porque $x1Sb_3$ não é válido mas $x1Sb_2$ é válido
- x_2 é atribuído a C_1 porque x_2Sb_3, x_2Sb_2 e x_2Sb_2 não se mantêm, mas x_2Sb_0 mantém-se.
- x_3 é atribuído a C_1 porque x_3Sb_3 e x_3Sb_2 não se mantêm, mas x_3Sb_1 mantém-se.

Resultados da TRI ELECTRE utilizando o procedimento otimista

- x_1 é atribuído a C_3 porque $b0Px_i$, $b\text{-}Px\text{-}$ e b_2Px_1 não são válidos mas b_3Px_1 é válido
- x_2 é atribuído a C_3 porque $b0Px_2$, bPx_2 e b_2Px_2 não são válidos mas b_3Px_2 é válido.
- x_3 é atribuído a C_2 porque $boPx_3$, b_jPx_3 não se mantêm mas b_2Px_2 mantém-se.

Observa-se que x_2 é atribuído a C_3 pelo procedimento otimista e a C_1 pelo procedimento pessimista. Isto mostra que x_2 é incomparável com as alternativas bi e b_2, o que, por sua vez, significa que, apesar das diferentes prioridades, a alternativa x_2 é a preferível em todos os critérios. Pode dar-se um tipo de interpretação semelhante para os restantes critérios: g_2, g_3, g_4 e g_5.

3.4 Conclusão

No problema MCDA, a metodologia de classificação superior do método ELECTRE TRI fornece uma solução de compromisso. Neste capítulo, centrámo-nos na utilização de algoritmos de folha de cálculo para o problema MCDA com o método ELECTRE TRI. Além disso, considerámos duas alternativas de fronteira e destacámos a sua importância. Finalmente, com a ajuda dos índices e relações de outranking, interpretámos que a alternativa x_2 pode ser considerada a melhor entre as três alternativas para todos os critérios.

Considerámos um problema de MCDA que explica todos os tipos de relações de hierarquia entre as alternativas e os critérios de fronteira. O algoritmo proposto é de fácil utilização e permite ao utilizador lidar com problemas complexos de MCDA . Embora existam vários programas informáticos para o método ELECTRE TRI, não são fáceis de aceder e de tratar os problemas MCDA.

Os algoritmos propostos permitem aos utilizadores definir as preferências, os pesos e os limiares de uma forma mais simples. Estes algoritmos são tão práticos e com um número limitado de funções aninhadas - if e incorporadas que se pode facilmente compreender a anatomia do método ELECTRE TRI.

No próximo capítulo, são propostas duas novas formulações no que respeita à metodologia de programação por objectivos. A utilização prática destes dois problemas de programação é apoiada pela utilização de dois problemas realistas. Todo o processo computacional é efectuado com o solver Excel.

Capítulo IV

Minimizar a soma ponderada dos desvios
Utilizar a técnica de programação por objectivos

4.1 Introdução

Na programação por objectivos, a ideia básica é estabelecer uma meta numérica específica para cada um dos objectivos e, em seguida, procurar uma solução que se aproxime de cada uma dessas metas. São atribuídos pesos de penalização aos objectivos para medir a gravidade relativa do incumprimento das suas metas numéricas. O objetivo global consiste em minimizar a soma ponderada dos desvios destas funções objetivo em relação às respectivas metas. Partindo do princípio que todas as funções objetivo individuais e as restrições do problema são lineares, a programação matemática é dada como (Chames e Cooper, 1961)

$$\begin{aligned} & \text{Min} \sum_{i=1}^{n} w_i (d_i^- - d_i^+) \\ & \text{subject to} \qquad\qquad\qquad\qquad (4.1.1) \\ & f_i(x) + d_i^- - d_i^+ = b_i \end{aligned}$$

em que w; é o peso relativo do $i^{ésimo}$ objetivo

di' e di^+ são variáveis de desvio negativas e positivas fi(x) é a função linear do $i^{ésimo}$ objetivo

bi é o valor real, alcançado ou pretendido do $i^{ésimo}$ objetivo.

Neste capítulo, propomos duas novas formulações de programação por objectivos, que ajudam a minimizar os desvios e proporcionam melhores resultados. Inicialmente, as formulações propostas são descritas e, em seguida, são consideradas algumas ilustrações para demonstrar o significado dos modelos propostos.

4.2 Metodologias propostas

Na formulação convencional de programação de objectivos (4.1.1), os pesos preferenciais não serão considerados e não serão distribuídos de forma igual. Os dois novos métodos propostos sublinham a importância dos pesos preferenciais na programação de objectivos. Uma vez que os pesos são subjectivos, é necessário atribuir esses pesos de forma sistemática.

Método 1: Método dos pesos iguais (EWM)

Neste método, são atribuídos pesos iguais a todas as variáveis de desvio e a soma dos pesos deve ser igual a um. Na função objetivo, cada uma das variáveis de desvio foi dividida pelo peso atribuído. Deste modo, a soma ponderada dos desvios será minimizada e fornecerá melhores resultados. Utilizando este método, o decisor pode atingir os objectivos com um desvio menor e é demonstrado que este método tem um melhor desempenho, quando comparado com a formulação convencional de programação de objectivos (ver tabela 4.4). O modelo definido é

$$
\begin{aligned}
&\mathrm{Min} \sum_{i=1}^{n} \frac{1}{w_i}(d_i^- - d_i^+)\\
&\text{subject to}\\
&f_i(x) + d_i^- - d_i^+ = b_i \qquad\qquad (4.2.1)\\
&\text{where} \sum_{i=1}^{n} w_i = 1
\end{aligned}
$$

Método2: Método dos pesos fixos (FWM)

Nesta abordagem, para alcançar a soma ponderada de desvios minimizada, o objetivo com maior desvio terá 50% de peso e a restante metade será igualmente partilhada pelos restantes desvios. O problema de programação de peso fixo é o seguinte

$$
\begin{aligned}
&\mathrm{Min}\left\{\frac{1}{0.5}(d_i^- - d_i^+) + \sum_{i=1}^{n-1} \frac{1}{w_i}(d_i^- - d_i^+)\right\}\\
&\mathrm{Min}\{A+B\},\\
&\text{where } A = \frac{1}{0.5}(d_i^- - d_i^+)\\
&B = \sum_{i=1}^{n-1} \frac{1}{w_i}(d_i^- - d_i^+) \qquad\qquad (4.2.2)\\
&\text{subject to}\\
&f_i(x) + d_i^- - d_i^+ = b_i\\
&\text{where} \sum_{i=1}^{n} w_i = 1 = 0.5 + \sum_{i=1}^{n-1} w_i = 1
\end{aligned}
$$

Em "A", di representa o maior desvio do $i^{ésimo}$ objetivo, ao qual é atribuído um peso de 50%; "B", constitui a soma dos restantes desvios com pesos iguais.

Na secção seguinte, considerámos um problema de programação matemática para ilustrar o desempenho dos métodos propostos.

4.3 Ilustrações numéricas

O problema considerado para ilustrar o trabalho de enquadramento de três modelos de programação por objectivos (4.1.1, 4.2.1 e 4.2.2) trata de uma situação real de minimização da soma ponderada dos desvios em cada objetivo.

Ilustração 4.1

Uma empresa de fabrico precisa de tomar decisões sobre as taxas de produção de três novos produtos.

xi = número de unidades do produto A a produzir por dia

x_2 = número de unidades do produto B a produzir por dia

x_3 = número de unidades do produto C a produzir por dia

O produto total deve ser igual ou superior a \$125 milhões; o nível de emprego é igual a 40 mil; o investimento de capital não deve ser inferior a \$55 milhões. A empresa tem três objectivos em termos de três variáveis de decisão.

Objetivo 1 (Lucro total): 12xi + 9x2 + 15x3 > \$125 milhões

Objetivo 2 (Nível de emprego): 5xi + 3x2 + 4x3 = 40

Objetivo 3 (Investimento de capital): 5xi + 7x2 + 8x3 < \$55 milhões

Estas expressões matemáticas para os objectivos assemelham-se a restrições de programação linear. No entanto, não podem ser utilizadas como restrições no modelo matemático porque as restrições devem ser satisfeitas, enquanto a empresa já concluiu que pode não ser possível atingir todos estes objectivos simultaneamente. Para um modelo de programação por objectivos, o objetivo global é aproximar-se o mais possível da satisfação simultânea destes objectivos. Os pesos de penalização atribuídos pela empresa às variáveis de desvio desejadas são *{di,* d_2^+ *,* d_2*,* d_3*'}.*

Seja "w" a soma ponderada dos desvios em relação ao objetivo, ou seja, o número de pontos de penalização incorridos por não atingir os objectivos.

Aqui, atribuímos alguns pesos empíricos a cada uma das metas na função objetivo, que é definida a seguir

Mínimo w = 5 (montante do objetivo 1) + 2 (montante do objetivo 2) + 4
(montante acima do objetivo 2) + 3 (montante acima do objetivo 3)

No entanto, não serão incluídos pesos de penalização para o objetivo 1, uma vez que o objetivo é ultrapassar e obter mais lucro. O mesmo tipo de enquadramento é feito para o objetivo 3, porque o orçamento do investimento de capital não deve exceder o objetivo dado.

A solução é obtida utilizando o modelo convencional de programação por objectivos ponderados (4.1.1) através do solver Excel, que é apresentado na tabela 4.1.

Table 4.1: Goal programming with penalty weights

	p_1	p_2	p_3	d_1^+	d_1^-	d_2^+	d_2^-	d_3^+	d_3^-	Goal	Level Achieved
				0	0.2	0.5	0.25	0	0.33		**4.1667**
Goal₁(Total profit)	12	9	15	-1	1					125	125
Goal₂ (Employment level)	5	3	4			-1	1			40	40
Goal₃ (Capital investment)	5	7	8					-1	1	55	55
	p_1	p_2	p_3	d_1^+	d_1^-	d_2^+	d_2^-	d_3^+	d_3^-		
	8.33	0	1.67	0	0	8.33	0	0	0		

Na tabela 4.1, a taxa de produção para o produto A = 8,33 (pi) unidades por dia; taxa de produção para o produto B = 0 (pr); taxa de produção para o produto C = 1,67 (p3) unidades por dia; lucro total = $125 milhões; nível de emprego = 4833 empregados; investimento de capital = $55 milhões; a soma ponderada dos desvios é 4,1667, o que significa que existe um grande desvio entre os objectivos e as realizações das variáveis de decisão. O modelo de folha de cálculo utilizado para calcular a programação de objectivos convencional com pesos de penalização é apresentado na figura 4.1.

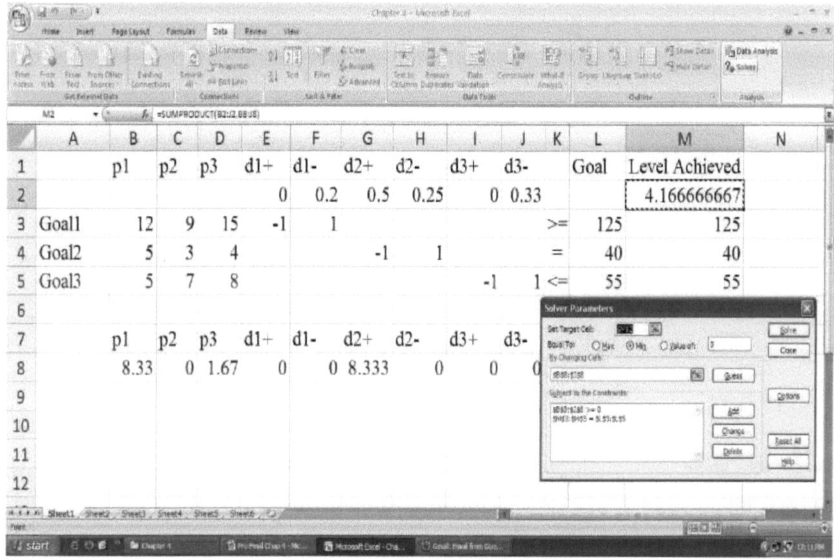

	A	B	C	D	E	F	G	H	I	J	K	L	M
1		p1	p2	p3	d1+	d1-	d2+	d2-	d3+	d3-		Goal	Level Achieved
2					0	0.2	0.5	0.25	0	0.33			4.166666667
3	Goal1	12	9	15	-1	1					>=	125	125
4	Goal2	5	3	4			-1	1			=	40	40
5	Goal3	5	7	8					-1	1	<=	55	55
6													
7		p1	p2	p3	d1+	d1-	d2+	d2-	d3+	d3-			
8		8.33	0	1.67	0	0	8.333	0	0	0			

Figura 4.1 Modelo de folha de cálculo utilizado para resolver a programação de objectivos com pesos de penalização

Agora, utilizando a expressão (4.2.1) do método dos pesos iguais, obtivemos os desvios que são idênticos aos da programação por objectivos ponderada habitual, mas neste método observou-se que a soma dos desvios ponderados é menor quando comparada com o método convencional. Isso se deve aos pesos recíprocos em (4.2.2). A solução obtida utilizando o método dos pesos iguais é apresentada na tabela 4.2, que é apresentada de seguida

Table 4.2: Goal programming with equal weights

	p_1	p_2	p_3	d_1^+	d_1^-	d_2^+	d_2^-	d_3^+	d_3^-	Goal	Level Achieved
	0	0	0	0	0.25	0.25	0.25	0	0.25		**2.08333**
$Goal_1$(Total profit)	12	9	15	-1	1					125	125
$Goal_2$ (Employment level)	5	3	4			-1	1			40	40
$Goal_3$ (Capital investment)	5	7	8					-1	1	55	55
	p_1	p_2	p_3	d_1^+	d_1^-	d_2^+	d_2^-	d_3^+	d_3^-		
	8.333	0	1.67	0	0	8.333	0	0	0		

A Figura 4.2 pode ser utilizada para demonstrar a utilidade do solucionador e projetar os resultados obtidos pelo método dos pesos iguais.

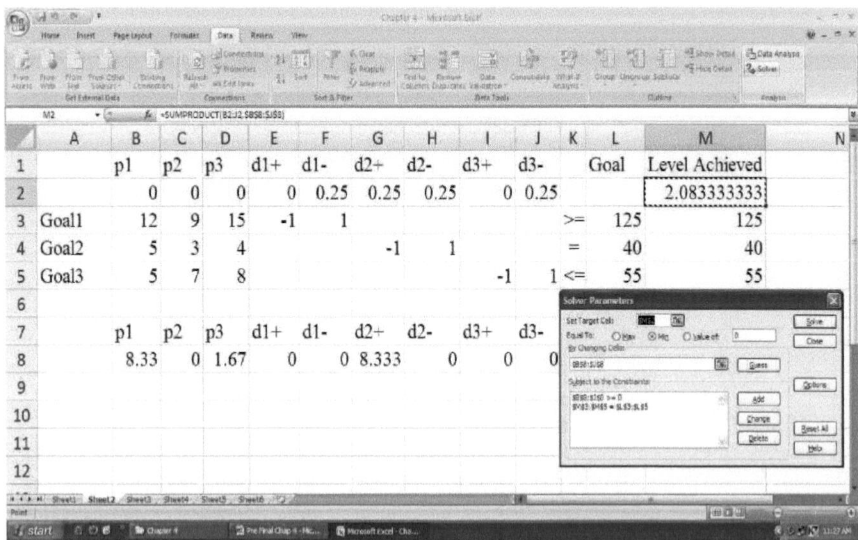

Figura 4.2: Modelo de folha de cálculo utilizado para resolver a programação de objectivos com pesos iguais

Finalmente, ao utilizar a expressão (4.2.2) do método do peso fixo, atribuímos os pesos de acordo com os desvios em relação ao objetivo. No presente problema, o maior desvio foi observado no objetivo 1 e, por conseguinte, 50%, ou seja, 0,5 dos pesos são atribuídos a *df*

Além disso, os restantes pesos (= 0,5/3) são atribuídos aos objectivos 2 e 3, respetivamente. Este método deu melhores resultados quando comparado com o método convencional e com o método dos pesos iguais. Como se explica que o objetivo principal é minimizar a soma ponderada dos desvios, o mesmo se obtém em termos de nível de realização.

As quantidades obtidas no nível de realização devem aproximar-se de zero, para que as prioridades dadas pelo decisor aos objectivos sejam bem definidas. O mesmo se verifica com os métodos propostos, ou seja, o método dos pesos iguais é muito melhor para reduzir o desvio e melhorar o nível de realização.

Além disso, o método com pesos fixos deu melhores resultados do que o método com pesos iguais e o método convencional. Isto significa que, se normalizarmos o objetivo que tem um grande desvio, atribuindo-lhe um peso de 50%, a soma ponderada dos desvios pode ser minimizada e o nível exigido pode ser alcançado. Os resultados obtidos com o método de peso fixo são apresentados na tabela 4.3.

Table 4.3: Goal programming with fixed weights

	p_1	p_2	p_3	d_1^+	d_1^-	d_2^+	d_2^-	d_3^+	d_3^-	Goal	Level Achieved
	0	0	0	0	0.5	0.167	0.167	0	0.17		**1.389**
Goal$_1$(Total profit)	12	9	15	-1	1					125	125
Goal$_2$ (Employment level)	5	3	4			-1	1			40	40
Goal$_3$ (Capital investment)	5	7	8					-1	1	55	55
	p_1	p_2	p_3	d_1^+	d_1^-	d_2^+	d_2^-	d_3^+	d_3^-		
	8.33	0	1.67	0	0	8.33	0	0	0		

O modelo de folha de cálculo para resolver a programação de objectivos com pesos fixos é apresentado na figura 4.3.

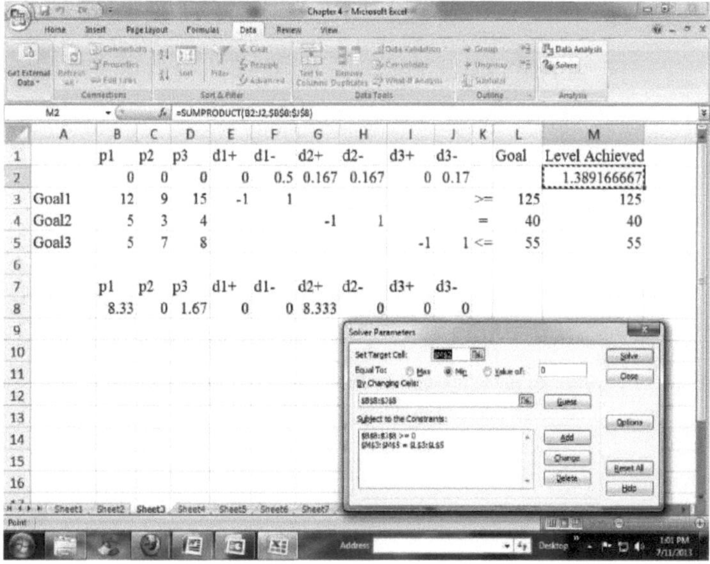

Figura 4.3: Modelo de folha de cálculo utilizado para resolver a programação de objectivos com pesos fixos

A Tabela 4.4 é preparada para executar os desempenhos de três métodos de programação por objectivos. A soma ponderada dos desvios e os desvios alcançados são indicados para todos os métodos

Table 4.4: Comparison of Goal programming methods

Method	Weighted sum of deviations	Achieved Deviation
Conventional Method	4.1667	10
Equal Weights Method	2.08	1.08
Fixed Weights Method	1.38	0.38

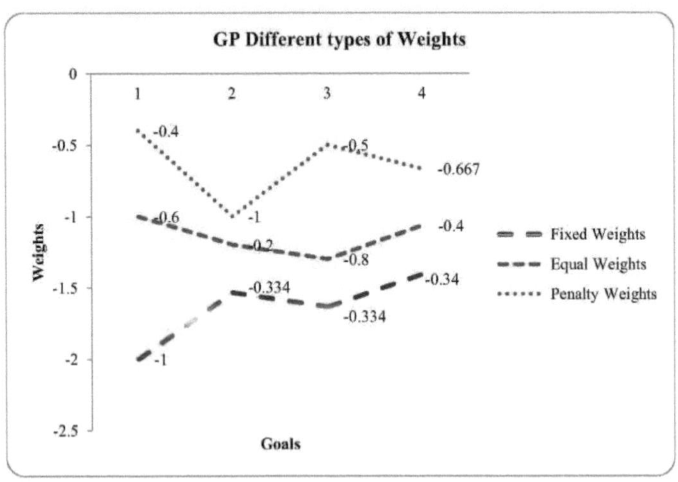

Figura 4.4: Gráfico de pesos para três

O método convencional atinge um enorme desvio no nível de realização, que é de 4,1667, ou seja, o total de pesos atribuídos a todas as variáveis de desvio é de 14, mas o desvio ponderado é de 10, a principal diferença entre os pesos originais e os pesos de realização é de 2,667.

No método dos pesos iguais, o desvio é de 2,08, sendo a principal diferença em relação à soma ponderada dos desvios obtidos de 1,08. Por último, o desvio observado no método dos pesos fixos é de 1,38; a principal diferença em relação aos desvios obtidos é de 0,38. De facto, é evidente que, se atribuirmos os pesos de acordo com as preferências ou de forma igual, podemos reduzir os desvios ponderados de cada objetivo que tem a variável de desvio.

4.4 Conclusão

No método de programação por objectivos ponderados, os pesos são atribuídos de acordo com as preferências do decisor. Os pesos são atribuídos aos objectivos com a ajuda das preferências do objetivo que tem o maior desvio do que os outros. Por outro lado, são atribuídos pesos iguais a todas as variáveis de desvio. Os dois modelos propostos explicam que cada objetivo tem um desvio inferior ou superior.

O método convencional atinge um enorme desvio no nível de realização, que é de 4,1667, ou seja, o total de pesos atribuídos a todas as variáveis de desvio é de 14, mas o desvio ponderado é de 10, a principal diferença entre os pesos originais e os pesos de realização é de 2,667.

No método dos pesos iguais, o desvio é de 2,08, sendo a principal diferença em relação à soma ponderada dos desvios obtidos de 1,08. Por último, o desvio observado no método dos pesos fixos é de 1,38; a principal diferença em relação aos desvios obtidos é de 0,38.

De facto, é evidente que se atribuirmos os pesos de acordo com as preferências ou de forma igual, podemos reduzir os desvios ponderados de cada objetivo que tem a variável de desvio.

Qualquer decisor pode escolher qualquer um dos dois métodos propostos, uma vez que nestes dois métodos foi dada alguma importância às ponderações.

No capítulo seguinte, introduzimos um conceito, nomeadamente, o processo de hierarquia analítica (AHP). Utilizando esta técnica, propusemos uma forma de testar a consistência dos pesos subjectivos e demonstrámos um método para alcançar a minimização da soma ponderada dos desvios através do AHP.

Capítulo V

Testar a consistência dos pesos na programação de objectivos

- A abordagem do processo de hierarquia analítica

5.1 Introdução

No processo de tomada de decisão, o decisor desempenha um papel importante na definição das preferências para um conjunto de alternativas (metas) sob cada critério (função objetivo). Nessas situações, o decisor pode deparar-se com situações complexas na atribuição de pesos a cada alternativa. Consideremos a estrutura da programação por objectivos, em que as preferências ou prioridades são importantes para cada objetivo. Aqui, os objectivos funcionam como alternativas e o objetivo principal é testar a coerência dos pesos atribuídos pelo decisor. Convencionalmente, os pesos são considerados subjectivos e é necessário validar os pesos atribuídos para atingir o objetivo da programação de objectivos.

Na programação ponderada de objectivos, como os pesos atribuídos dependem das prioridades fornecidas pelo decisor, isto pode levar a conclusões subjectivas e pode não atingir os requisitos. Para lidar com esta situação, recorremos a uma abordagem popularmente conhecida de tomada de decisão multicritério (MCDM), nomeadamente o processo de hierarquia analítica (AHP), que foi proposto por Saaty T. L. em 1977. Trata-se de uma ferramenta de apoio à decisão que ajuda a validar as preferências no âmbito de problemas de decisão complexos. No passado recente, o AHP atraiu o interesse de muitos investigadores e tem aplicações em muitos domínios diversificados, como a medicina, a seleção de empregos, a gestão hoteleira, etc. (M.K. Verma et al, 2000). O AHP é um método de comparação de pares e utiliza uma estrutura hierárquica a vários níveis de objectivos/critérios e alternativas.

Neste capítulo, destacamos a importância do AHP para testar a consistência dos pesos atribuídos a cada objetivo, e é feita uma demonstração através de ilustrações numéricas para mostrar como o AHP pode ser utilizado para minimizar a soma ponderada dos desvios.

5.2 Metodologia

Os decisores são peritos que listam as preferências sob a forma de matrizes de comparação por pares, que podem ser representadas por pares. Nesta matriz de comparação, cada elemento de um nível superior é utilizado para comparar com os elementos de um nível imediatamente inferior em relação a ele. Este processo deve ser continuado para cada elemento. Em seguida, para cada elemento do nível inferior, adicionam-se os seus valores ponderados e obtém-se a sua prioridade global. O processo de ponderação e adição deve ser continuado até se obterem todas as prioridades finais das alternativas do nível mais baixo. Para efetuar estas comparações, é essencial uma escala numérica que indique quantas vezes um elemento é mais importante do que o outro em relação ao critério e em relação ao qual devem ser comparados. As escalas fundamentais de números absolutos dadas por Saaty (1980) são apresentadas na Tabela 5.1.

Table 5.1: Fundamental Scale of absolute measures

Intensity of Importance	Definition	Explanation
1	Equal importance	Two elements/items contribute equally to the objective
2	Weak or slight	
3	Moderate importance	Experience and judgment slightly favor one element over other
4	Moderate plus	
5	Strong importance	Experience and judgment strongly favor one element over other
6	Strong plus	
7	Very strong	An element is favored very strongly over another; its dominance demonstrated in practice
8	Very very strong	
9	Extreme importance	The evidence favoring one element over another is of the highest possible order of affirmation
Reciprocals of the above	If the element '*i*' has one of the above non-zero numbers assigned to it when compare with element '*j*' has the reciprocal value when compare with '*i*'	A reasonable assumption
1.1 – 1.9	If the elements are very close	May be difficult to assign the best value but when compared with other contrasting elements noticeable. Yet they can still indicate the relative importance of the elements.

Sejam Ai, A2, ..., A_n as "n" alternativas comparáveis (elementos) com wi, W2, ... , w_n como os seus pesos. A matriz dos rácios de todos os pesos é a seguinte

A matriz de comparações entre pares, ou seja, A = [aij] representa as intensidades da preferência do decisor entre pares individuais de alternativas, ou seja, A; versus Aj, para todos os *i, j* = 1, 2,..., n. Normalmente, os Ai são escolhidos a partir de uma determinada escala de referência (1/9, 1/8, 1/7, 1/6, 1/5, %, 1/3, U, 1, 2, 3, 4, 5, 6, 7, 8, 9). Consideremos uma sequência de "n" alternativas {Ai, Ar, ... , A_n}. O decisor utiliza a sequência {A;} e compara pares de todas as alternativas possíveis para obter a matriz de comparação 'A'. A alternativa

$$W=\left[\frac{w_i}{w_j}\right]=\begin{bmatrix} \frac{w_1}{w_1} & \frac{w_1}{w_2} & \cdot & \cdot & \frac{w_1}{w_n} \\ \frac{w_2}{w_1} & \frac{w_2}{w_2} & \cdot & \cdot & \frac{w_2}{w_n} \\ \cdot & & \cdot & & \cdot \\ \cdot & & & \cdot & \cdot \\ \frac{w_n}{w_1} & \frac{w_n}{w_2} & \cdot & \cdot & \frac{w_n}{w_n} \end{bmatrix} \quad \text{where } i, j = 1, 2, \ldots, n$$

ajj mostra o peso da preferência de A; obtido na comparação com Aj e a matriz 'A' terá a forma que se segue

$$A=[a_{ij}]=\begin{bmatrix} 1 & a_{12} & . & . & a_{1j} & . & . & a_{1n} \\ \frac{1}{a_{12}} & 1 & . & . & a_{2j} & . & . & a_{2n} \\ . & & & . & & & & . \\ . & & & & . & & & . \\ \frac{1}{a_{1j}} & \frac{1}{a_{2j}} & . & . & 1 & . & . & a_{in} \\ . & . & & & & . & & . \\ . & . & & & & . & . & . \\ \frac{1}{a_{1n}} & \frac{1}{a_{2n}} & . & . & \frac{1}{a_{in}} & . & . & 1 \end{bmatrix}$$

Se a matriz "A" for absolutamente consistente, então, o valor próprio principal (X_{max}) será igual a "n" (ordem da matriz), ou seja, $A_{..1X} = n$. A relação entre os pesos e as sentenças é dada por

$$a_{ij} = \frac{w_i}{w_j} \text{ for } i,\ j = 1,\ 2,\ldots,n.$$

Os pesos wi, *z*=*1*, 2,...,n, podem ser obtidos utilizando o método dos vectores próprios ou o método da média geométrica.

Na matriz "A", os aij (> 0) dão a importância relativa dos elementos *i* e *j* para cada entrada e a recíproca (1/aij = aij, *i, j* = 1, 2,..., n). Na matriz de julgamento "A", o vetor próprio esquerdo máximo correspondente é aproximado utilizando a média geométrica de cada linha. Para os valores da média geométrica, os números são normalizados dividindo-os pela sua soma. Uma das questões mais práticas do AHP é o facto de permitir comparações entre pares ligeiramente não consistentes. Uma situação diferente surge quando a matriz não é totalmente consistente nem contraditória. Neste caso, Saaty (1980) definiu o índice de consistência (IC), o rácio de consistência (CR) e o índice de consistência aleatória (RCI), que são os seguintes

$$\begin{aligned} CI &= \frac{\lambda_{max} - n}{n-1} \\ \text{where } \lambda_{max} &= \sum_{i=1}^{n} C_i\ W_i \\ C_i &= i^{th} \text{ column total} \\ W_i &= i^{th} \text{ Normalized weights} \end{aligned} \qquad (5.2.1)$$

Se a matriz de comparação for completamente consistente, então aij.ajk = a;k (para todos os *i, j, k)* e Xm_{ax} = n, então o Índice de Consistência será igual a zero. Neste caso, a matriz de julgamento (A) e a matriz ponderada (w) serão iguais. Se a matriz não for absolutamente consistente, então $X_{max} > n$, e é necessário medir o nível

$$CR = \frac{CI}{RCI} \qquad (5.2.2)$$

de inconsistência. O rácio de consistência (CR) é dado como

Os valores do Índice de Consistência Aleatória (ICR) para diferentes valores de "n" podem ser obtidos no quadro seguinte. Se CR < 0,10, a matriz é consistente, caso contrário. Se o ICR >0,10, reavaliar as comparações entre pares e testar a consistência através do AHP.

n	1	2	3	**4**	5	6	7	8	9	10
RI	0	0	0.52	**0.89**	1.11	1.25	1.35	1.40	1.45	1.49

No método convencional de programação ponderada de objectivos, o decisor atribui os pesos das penalizações com algum conhecimento subjetivo. No que diz respeito aos pesos subjectivos, não é possível fornecer informações completas sobre a sua consistência, ou seja, os pesos atribuídos pelo decisor podem ou não ser consistentes. Agora, para verificar se os pesos atribuídos são consistentes ou não, incorporamos a metodologia do AHP no problema de programação de objectivos ponderados.

Para os pesos das penalizações, o decisor decide as comparações de cada par de objectivos. Se estiverem disponíveis n objectivos, o número total de comparações entre pares será de

$$\frac{n(n-1)}{2}$$

Com isto, obtém-se uma matriz de comparação de ordem *n\n*. Os pesos das penalizações devem ser testados quanto à sua consistência. Se estes pesos forem consistentes, utilizamo-los no problema de programação por objectivos ponderados para obter melhores resultados e também para mostrar como a metodologia AHP ajuda a escolher pesos consistentes, o que, por sua vez, minimiza a soma dos desvios.

Na secção seguinte, apresentamos uma explicação pormenorizada, considerando diferentes matrizes de comparação par a par e a sua influência no desempenho da programação de objectivos ponderada.

5.3 Ilustrações numéricas

Vejamos o exemplo de uma empresa que produz dois tipos de produtos populares entre os renovadores de casas: lustres antigos e ventoinhas de teto. Ambos os produtos requerem um processo de produção em duas fases, que envolve a cablagem e a montagem.

Aqui, *xf.2* horas para ligar cada candeeiro

x_2: 3 horas para ligar uma ventoinha de teto.

A montagem final dos candelabros e dos ventiladores requer 6 e 5 horas, respetivamente. A capacidade de produção é tal que apenas estão disponíveis 12 horas de tempo de cablagem e 30 horas de tempo de montagem. Cada candelabro rende à empresa $7,00 e cada ventilador $6,00 e a empresa tem de produzir o máximo de lucro possível acima de $30,00 durante o período de produção. Utilizar plenamente as horas de cablagem disponíveis. Evitar horas extraordinárias nas horas de montagem. Produzir *pelo menos* sete (7) ventiladores de teto.

A formulação da programação por objectivos para o problema acima é a seguinte

$$\begin{aligned}
&\text{Minimize} = \sum_{i=1}^{n} w_i \left(d_i^+ - d_i^-\right)\\
&\text{subject to}\\
&7x_1 + 6x_2 \geq 30 \ (\text{profit})\\
&2x_1 + 3x_2 \geq 12 \ (\text{wiring hours})\\
&6x_1 + 5x_2 \leq 30 \ (\text{assembly hours})\\
&0x_1 + x_2 \ \geq 7 \ (\text{ceiling fans})\\
&\text{and } x_1, x_2, d_i^-, d_i^+ \geq 0
\end{aligned} \tag{5.2.3}$$

A função objetivo acima pode ser reescrita através da introdução das variáveis de desvio, que é a seguinte

$$\begin{aligned}
&\text{Minimize} = w_1 d_1^- + w_1 d_2^- + w_1 d_3^+ + w_1 d_4^-\\
&\text{subject to}\\
&7x_1 + 6x_2 + d_1^- - d_1^+ = 30 \ (\text{profit})\\
&2x_1 + 3x_2 + d_2^- - d_2^+ = 12 \ (\text{wiring hours})\\
&6x_1 + 5x_2 + d_3^- - d_3^+ = 30 \ (\text{assembly hours})\\
&0x_1 + x_2 + d_4^- - d_4^+ \ = 7 \ (\text{ceiling fans})\\
&\text{and } x_1, x_2, d_1^-, d_1^+, d_2^-, d_2^+, d_3^-, d_3^+, d_4^-, d_4^+ \geq 0
\end{aligned} \tag{5.2.4}$$

Seja D = soma ponderada dos desvios em relação ao objetivo, ou seja, o número de pontos de penalização incorridos por falhar os objectivos.

O objetivo geral é utilizar os pesos validados (consistentes) que minimizam a soma ponderada do desvio dos objectivos. Aqui, atribuímos alguns pesos empíricos a cada uma das metas na função objetivo que é definida a seguir

Mínimo D = 5 (montante do objetivo 1) + 7 (montante do objetivo 2) + 3
(montante acima do objetivo 3) + 6 (montante abaixo do objetivo 4)

No entanto, em (5.2.4), não serão incluídos pesos de penalização para o objetivo 1 e o objetivo 2, uma vez que o objetivo é exceder e obter mais lucro, respetivamente. O mesmo tipo de enquadramento é feito para o objetivo 3 e o objetivo 4. Na tabela 5.3, a solução final é obtida utilizando o modelo convencional de programação por objectivos ponderados.

Table 5.3: Conventional weighted goal programming problem												
	x_1	x_2	d_1^+	d_1^-	d_2^+	d_2^-	d_3^+	d_3^-	d_4^+	d_4^-	Goal	Achieved
				5		7	3			6		**6**
Profit	7	6	-1	1							30	30
Wiring hours	2	3			-1	1					12	12
Assembly hours	6	5					-1	1			30	30
Ceiling fans	0	1							-1	1	7	7
	x_1	x_2	d_1^+	d_1^-	d_2^+	d_2^-	d_3^+	d_3^-	d_4^+	d_4^-		
	0	6	6	0	6	0	0	0	0	1		

Na tabela 5.3, o valor obtido por, x_2 (ventiladores de teto) é de 6 horas e o lucro será de \$36 (lucro = 30 + $dj\_^{+}$ = 6 = \$36) e deve manter 18 horas para a cablagem (cablagem =12 + d_2^+ =6 =18 horas), não há necessidade de aumentar ou diminuir as horas de montagem, uma vez que d_3^+ e d_3 são iguais a zero. Assim, a empresa pode produzir apenas 6 ventiladores de teto. A soma ponderada dos desvios é 6.

Neste caso, aplicámos a ferramenta AHP para validar os pesos atribuídos a cada variável de desvio. Uma vez que existem quatro objectivos, será gerada uma matriz quadrada 4x4 para testar a consistência dos pesos atribuídos, que são representados da seguinte forma

$$
\begin{array}{c} \\ G_1 \\ G_2 \\ G_3 \\ G_4 \end{array}
\begin{array}{c} \begin{array}{cccc} G_1 & G_2 & G_3 & G_4 \end{array} \\ \begin{bmatrix} 1 & 4 & 8 & 9 \\ \frac{1}{4} & 1 & 2 & 5 \\ \frac{1}{8} & \frac{1}{2} & 1 & 6 \\ \frac{1}{9} & \frac{1}{5} & \frac{1}{6} & 1 \end{bmatrix} \end{array}
$$

Utilizando os pesos da matriz acima, calcula-se a média geométrica e os pesos normalizados. Aqui, podemos utilizar o método do vetor próprio ou o método da média geométrica para obter os pesos normalizados, cuja soma é igual a um. A Tabela 5.4 apresenta a média geométrica e os pesos normalizados.

Table 5.4: Judgment matrix {4,8,9,5,5,2}

	G_1	G_2	G_3	G_4	GM	Normalized Weights (W_i)
G_1	1	4	8	9	4.1195	0.63
G_2	0.25	1	5	5	1.5811	0.24
G_3	0.125	0.2	1	2	0.4728	0.07
G_4	0.111	0.2	0.5	1	0.3246	0.05
Total (C_i)	1.486	5.4	14.5	17	6.4982	1

Os pesos normalizados da matriz de avaliação derivada acima são (0,63, 0,24, 0,07, 0,05), utilizando a expressão (5.2.1), o valor de λ_{max} é **4,1605** e o Índice de Consistência (IC) é 0,0535.

Neste caso, n = 4 e o índice de coerência aleatório correspondente é 0,89 (ver quadro 5.2) e permanecerá o mesmo para os casos considerados na secção seguinte. O rácio de coerência (CR) obtido é 0,059 < 0,10. Por conseguinte, os pesos dados são coerentes. Ao utilizar estes pesos na função objetivo do problema de programação por objectivos ponderados, o modelo reformulado é o seguinte

$$
\begin{aligned}
&\text{Minimize} = 0.63d_1^- + 0.24d_2^- + 0.07d_3^+ + 0.05d_4^- \\
&\text{subject to} \\
&7x_1 + 6x_2 + d_1^- - d_1^+ = 30(\text{profit}) \\
&2x_1 + 3x_2 + d_2^- - d_2^+ = 12(\text{wiring hours}) \\
&6x_1 + 5x_2 + d_3^- - d_3^+ = 30(\text{assembly hours}) \\
&x_2 + d_4^- - d_4^+ = 7(\text{ceiling fans}) \\
&\text{and } x_1, x_2, d_1^-, d_1^+, d_2^-, d_2^+, d_3^-, d_3^+, d_4^-, d_4^+ \geq 0
\end{aligned}
$$

Mínimo w = 0,63 (montante abaixo do objetivo_1) + 0,24 (montante abaixo do objetivo_2) + 0,07 (montante acima do objetivo_3) + 0,05 (montante abaixo do objetivo_4)

Table 5.5: Weighted goal programming problem with penalty weights using AHP

	x_1	x_2	d_1^+	d_1^-	d_2^+	d_2^-	d_3^+	d_3^-	d_4^+	d_4^-	Goal	Achieved
				0.63		0.24	0.07			0.05		**0.05**
Profit	7	6	-1	1							30	30
Wiring hours	2	3			-1	1					12	12
Assembly hours	6	5					-1	1			30	30
Ceiling fans	0	1							-1	1	7	7
	x_1	x_2	d_1^+	d_1^-	d_2^+	d_2^-	d_3^+	d_3^-	d_4^+	d_4^-		
	0	6	6	0	6	0	0	0	0	1		

Na tabela 5.5, os resultados mostraram uma melhor melhoria em relação ao nível de realização quando comparados com os resultados do modelo convencional de programação de objectivos ponderados.

Para o mesmo problema, foram estudados casos diferentes, a fim de mostrar como a metodologia proposta é aplicável na prática. São considerados três casos diferentes e testada a sua consistência. Além disso, são incorporados no problema de programação de objectivos ponderados e o nível de realização é observado. A principal tarefa é observar que tipo de pesos consistentes devem ser adoptados para atingir o nível de realização exigido.

5.3.1 Diferentes ponderações e sua coerência

O principal objetivo do trabalho é observar a variação dos níveis de resultados, que se baseará nos pesos atribuídos. Para o efeito, considerámos três casos diferentes para verificar a preferência de os pesos consistentes em relação aos pesos inconsistentes. Esta tentativa visa mostrar que, se os pesos forem coerentes, isso implicará, sem dúvida, a obtenção de melhores resultados, o que ajudará a minimizar a soma dos desvios em termos de nível de realização.

Aqui, no Caso (a), os pesos subjectivos considerados são {6, 8, 7, 3, 2, 3}. Para estes pesos, é utilizada a metodologia AHP para obter os pesos normalizados e para efetuar o processo de teste.

Caso (a)

$$\begin{array}{c} \\ G_1 \\ G_2 \\ G_3 \\ G_4 \end{array} \begin{array}{c} \begin{array}{cccc} G_1 & G_2 & G_3 & G_4 \end{array} \\ \begin{bmatrix} 1 & 6 & 8 & 7 \\ \frac{1}{6} & 1 & 3 & 2 \\ \frac{1}{8} & \frac{1}{3} & 1 & 3 \\ \frac{1}{7} & \frac{1}{2} & \frac{1}{3} & 1 \end{bmatrix} \end{array}$$

Table 5.6: Judgment matrix {6,8,7,3,2,3}

	G_1	G_2	G_3	G_4	GM	Normalized Weights (W_i)
G_1	1	6	8	7	4.281	0.68
G_2	0.167	1	3	2	1	0.16
G_3	0.125	0.333	1	3	0.594	0.09
G_4	0.142	0.5	0.333	1	0.392	0.06
Total (C_i)	1.434	7.833	12.33	13	6.268	1

Os pesos normalizados da matriz de avaliação acima referida são (0,68, 0,16, 0,09, 0,06), λ_{max} = **4,2137.** Índice de consistência (IC) = 0,0712 e rácio de consistência (CR) = 0,079 < 0,10. Como o rácio de consistência é inferior a 0,10, os pesos são considerados consistentes. Além disso, estes pesos são utilizados no problema de programação de objectivos ponderados para observar o seu apoio na obtenção do nível requerido. A função objetivo para o caso acima referido (a) é a seguinte

$$\text{Minimizar} = 0{,}684; + 0{,}16dj + 0{,}09d_3^+ + 0{,}06dj$$

O quadro 5.7 seguinte apresenta os resultados obtidos após a incorporação dos pesos de consistência.

Table 5.7: Weighted goal programming problem with penalty weights using AHP

	x_1	x_2	d_1^+	d_1^-	d_2^+	d_2^-	d_3^+	d_3^-	d_4^+	d_4^-	Goal	Achieved
				0.68		0.16	0.09			0.06		**0.06**
Profit	7	6	-1	1							30	30
Wiring hours	2	3			-1	1					12	12
Assembly hours	6	5					-1	1			30	30
Ceiling fans	0	1							-1	1	7	7
	x_1	x_2	d_1^+	d_1^-	d_2^+	d_2^-	d_3^+	d_3^-	d_4^+	d_4^-		
	0	6	6	0	6	0	0	0	0	1		

Caso (b)

Neste caso, considerámos outro conjunto de pesos e a sua consistência foi testada utilizando a metodologia AHP.

$$\begin{array}{c} \\ G_1 \\ G_2 \\ G_3 \\ G_4 \end{array} \begin{array}{c} \begin{array}{cccc} G_1 & G_2 & G_3 & G_4 \end{array} \\ \begin{bmatrix} 1 & 3 & 6 & 5 \\ \frac{1}{3} & 1 & 7 & 1 \\ \frac{1}{6} & \frac{1}{7} & 1 & 1 \\ \frac{1}{5} & 1 & 1 & 1 \end{bmatrix} \end{array}$$

Table 5.7: Judgment matrix for the weights {3,6,5,7,1,1}

	G_1	G_2	G_3	G_4	GM	Normalized Weights (W_i)
G_1	1	3	6	5	3.087	0.57
G_2	0.333	1	7	1	1.235	0.23
G_3	0.1667	0.147	1	1	0.392	0.07
G_4	0.2	1	1	1	0.668	0.12
Total (C_i)	1.7	5.147	15	8	5.377	1

Os pesos normalizados da matriz de julgamento derivada acima são (0,57, 0,23, 0,07, 0,12), λ_{max} = **4,2462,** Índice de Consistência = 0,0821 e Rácio de Consistência = 0,091 < 0,10. Também neste caso, as ponderações fornecidas são coerentes. Por conseguinte, estas ponderações também podem ser utilizadas no problema de programação de objectivos ponderados para atingir o nível requerido. A função objetivo para o caso b) acima descrito é a seguinte

$$\text{Minimizar} = 0.57d_1'' + 0{,}23d' + 0{,}07d_3^+ + 0{,}12dj$$

O quadro 5.9 seguinte apresenta os resultados obtidos após a incorporação dos pesos de consistência.

Table 5.9: Weighted goal programming problem with penalty weights using AHP

	x_1	x_2	d_1^+	d_1^-	d_2^+	d_2^-	d_3^+	d_3^-	d_4^+	d_4^-	Goal	Achieved
				0.57		0.23	0.07			0.12		**0.12**
Profit	7	6	-1	1							30	30
Wiring hours	2	3			-1	1					12	12
Assembly hours	6	5					-1	1			30	30
Ceiling fans	0	1							-1	1	7	7
	x_1	x_2	d_1^+	d_1^-	d_2^+	d_2^-	d_3^+	d_3^-	d_4^+	d_4^-		
	0	6	6	0	6	0	0	0	0	1		

Caso (C)

$$\begin{array}{c} \\ G_1 \\ G_2 \\ G_3 \\ G_4 \end{array} \begin{array}{c} \begin{matrix} G_1 & G_2 & G_3 & G_4 \end{matrix} \\ \begin{bmatrix} 1 & 9 & 2 & 1 \\ \frac{1}{9} & 1 & 6 & 2 \\ \frac{1}{2} & \frac{1}{6} & 1 & 1 \\ 1 & \frac{1}{2} & 1 & 1 \end{bmatrix} \end{array}$$

Table 5.10: Judgment matrix {9,2,1,6,2,1}

	G_1	G_2	G_3	G_4	GM	Normalized Weights (W_i)
G_1	1	9	2	1	2.057	0.46
G_2	0.111	1	6	2	1.074	0.24
G_3	0.5	0.167	1	1	0.537	0.12
G_4	1	0.5	1	1	0.840	0.19
Total (C_i)	2.611	10.67	10	5	4.512	1

Os pesos normalizados da matriz de julgamento derivada acima são (0,43, 0,35, 0,13, 0,09), λ_{max} = **5,8543,** Índice de Consistência (IC) = 0,6181 e Rácio de Consistência (RI) = 0,687 > 0,10. O rácio de coerência é superior a 0,10, pelo que as ponderações fornecidas são inconsistentes. Assim, estes pesos não podem ser utilizados no problema de programação por objectivos ponderada porque podem não atingir o nível necessário. Para demonstrar o mesmo, estes pesos são utilizados na programação ponderada de objectivos e a solução é apresentada na tabela 5.11. A função objetivo para o caso acima referido (c) é dada como

Minimizar = 0,464. + 0,24d' + $0,12d_3^+$ + 0,19dj

Table 5.11: Weighted goal programming problem with penalty weights using AHP

	x_1	x_2	d_1^+	d_1^-	d_2^+	d_2^-	d_3^+	d_3^-	d_4^+	d_4^-	Goal	Achieved
				0.46		0.24	0.12			0.19		**0.19**
Profit	7	6	-1	1							30	30
Wiring hours	2	3			-1	1					12	12
Assembly hours	6	5					-1	1			30	30
Ceiling fans	0	1							-1	1	7	7
	x_1	x_2	d_1^+	d_1^-	d_2^+	d_2^-	d_3^+	d_3^-	d_4^+	d_4^-		
	0	6	6	0	6	0	0	0	0	1		

5.4 Conclusão

Neste capítulo, utilizámos a metodologia AHP para testar a consistência dos pesos atribuídos no âmbito de um problema de programação por objectivos ponderados. Demonstra-se que, se os pesos forem suficientemente consistentes, isso implicará a minimização da soma ponderada dos desvios. A tabela seguinte dá uma imagem clara dos desafios que ocorreram nos três casos diferentes.

Case	Weights	Achievement	Consistent
Case (a)	{0.68, 0.16, 0.09, 0.06}	0.06	Yes
Case (b)	{0.57, 0.23, 0.07, 0.12}	0.12	Yes
Case (c)	{0.46, 0.24, 0.12, 0.19}	0.19	No

Os casos (a) e (b) revelaram-se consistentes e o caso (c) é inconsistente. Assim, é possível utilizar o AHP para testar a consistência dos pesos.

Resumo, conclusões e sugestões para trabalhos futuros

1. No problema MCDA, a metodologia de classificação superior do método ELECTRE TRI proporciona uma solução de compromisso. É feita uma tentativa de desenvolver procedimentos de folha de cálculo para o método ELECTRE TRI.
2. O algoritmo proposto é de fácil utilização e permite ao utilizador tratar os problemas MCDA de dimensão complexa de forma muito simples, utilizando a macro definida.
3. Para atingir o objetivo principal da programação por objectivos, ou seja, minimizar a soma dos desvios, são propostos dois novos métodos. Os métodos propostos apresentaram melhores resultados na minimização dos desvios quando comparados com o modelo convencional de programação por objectivos.
4. Foi utilizada uma metodologia de rácio derivado, nomeadamente o processo hierárquico analítico, para testar a consistência dos pesos no modelo de programação por objectivos. Além disso, são destacados a importância prática, o âmbito e a utilização desta técnica no tratamento do modelo de programação por objectivos.
5. É demonstrado que os pesos que se revelam consistentes proporcionam um melhor desempenho do que os pesos que são inconsistentes.

Âmbito para trabalhos futuros

1. A Análise de Aceitação Multiobjectivo Estocástica pode ser utilizada como uma das técnicas de classificação para escolher a melhor alternativa entre o conjunto de alternâncias, que podemos designar por metodologia SMAA-TRI.
2. É possível incorporar o ambiente difuso em problemas de classificação MCDA juntamente com a metodologia AHP

ANEXO I
MACRO utilizado para resolver o método ELECTRE TRI

```
Ganesh()
'
' Ganesh Macro
'
' Keyboard Shortcut: Ctrl+Shift+G
'
    Range("H2").Select
    ActiveCell.FormulaR1C1 = _
        "=IF((R[4]C[-6]-R[8]C[-6])>=RC[-6],0,IF((R[4]C[-6]-R[7]C[-6])<RC[-6],1,((RC[-6]-R[4]C[-6]+R[8]C[-6])/(R[8]C[-6]-R[7]C[-6]))))"
    Range("H2").Select
    Selection.AutoFill Destination:=Range("H2:L2"), Type:=xlFillDefault
    Range("H2:L2").Select
    Range("H3").Select
    ActiveCell.FormulaR1C1 = _
        "=IF((R[3]C[-6]-R[7]C[-6])>=RC[-6],0,IF((R[3]C[-6]-R[6]C[-6])<RC[-6],1,((RC[-6]-R[3]C[-6]+R[7]C[-6])/(R[7]C[-6]-R[6]C[-6]))))"
    Range("H3").Select
    Selection.AutoFill Destination:=Range("H3:L3"), Type:=xlFillDefault
    Range("H3:L3").Select
    Range("H4").Select
    ActiveCell.FormulaR1C1 = _
        "=IF((R[2]C[-6]-R[6]C[-6])>=RC[-6],0,IF((R[2]C[-6]-R[5]C[-6])<RC[-6],1,((RC[-6]-R[2]C[-6]+R[6]C[-6])/(R[6]C[-6]-R[5]C[-6]))))"
    Range("H4").Select
    Selection.AutoFill Destination:=Range("H4:L4"), Type:=xlFillDefault
    Range("H4:L4").Select
    Range("H5").Select
    ActiveCell.FormulaR1C1 = _
        "=IF((R[2]C[-6]-R[5]C[-6])>=R[-3]C[-6],0,IF((R[2]C[-6]-R[4]C[-6])<R[-3]C[-6],1,((R[-3]C[-6]-R[2]C[-6]+R[5]C[-6])/(R[5]C[-6]-R[4]C[-6]))))"
    Range("H5").Select
    Selection.AutoFill Destination:=Range("H5:L5"), Type:=xlFillDefault
    Range("H5:L5").Select
    Range("H6").Select
    ActiveCell.FormulaR1C1 = _
        "=IF((R[1]C[-6]-R[4]C[-6])>=R[-3]C[-6],0,IF(R[1]C[-6]-R[3]C[-6]<R[-3]C[-6],1,((R[-3]C[-6]-R[1]C[-6]+R[4]C[-6])/(R[4]C[-6]-R[3]C[-6]))))"
    Range("H6").Select
    Selection.AutoFill Destination:=Range("H6:L6"), Type:=xlFillDefault
    Range("H6:L6").Select
    Range("H7").Select
    ActiveCell.FormulaR1C1 = _
        "=IF((RC[-6]-R[3]C[-6])>=R[-3]C[-6],0,IF((RC[-6]-R[2]C[-6])<R[-3]C[-6],1,((R[-3]C[-6]-RC[-6]+R[3]C[-6])/(R[3]C[-6]-R[2]C[-6]))))"
    Range("H7").Select
    Selection.AutoFill Destination:=Range("H7:L7"), Type:=xlFillDefault
    Range("H7:L7").Select
    Range("N2").Select
    ActiveCell.FormulaR1C1 =
```

```
"=IF((R[4]C[-12]+R[8]C[-12])<=RC[-12],0,IF((R[4]C[-12]+R[7]C[-12])>RC[-
12],1,((R[4]C[-12]-RC[-12]+R[8]C[-12])/(R[8]C[-12]-R[7]C[-12]))))"
  Range("N3").Select
  ActiveWindow.SmallScroll ToRight:=4
  Range("N2").Select
  Selection.AutoFill Destination:=Range("N2:R2"), Type:=xlFillDefault
  Range("N2:R2").Select
  Range("N3").Select
  ActiveWindow.ScrollColumn = 4
  ActiveWindow.ScrollColumn = 3
  ActiveWindow.ScrollColumn = 2
  ActiveWindow.ScrollColumn = 1
  ActiveCell.FormulaR1C1 = _
    "=IF((R[3]C[-12]+R[7]C[-12])<=RC[-12],0,IF((R[3]C[-12]+R[6]C[-12])>RC[-
12],1,((R[3]C[-12]-RC[-12]+R[7]C[-12])/(R[7]C[-12]-R[6]C[-12]))))"
  Range("N4").Select
  ActiveWindow.ScrollColumn = 2
  ActiveWindow.ScrollColumn = 3
  ActiveWindow.ScrollColumn = 4
  ActiveWindow.ScrollColumn = 5
  ActiveWindow.ScrollColumn = 6
  ActiveWindow.ScrollColumn = 7
  ActiveWindow.ScrollColumn = 8
  ActiveWindow.ScrollColumn = 9
  ActiveWindow.ScrollColumn = 10
  Range("N3").Select
  Selection.AutoFill Destination:=Range("N3:R3"), Type:=xlFillDefault
  Range("N3:R3").Select
  ActiveWindow.ScrollColumn = 9
  ActiveWindow.ScrollColumn = 8
  ActiveWindow.ScrollColumn = 7
  ActiveWindow.ScrollColumn = 6
  ActiveWindow.ScrollColumn = 5
  ActiveWindow.ScrollColumn = 4
  ActiveWindow.ScrollColumn = 3
  ActiveWindow.ScrollColumn = 2
  ActiveWindow.ScrollColumn = 1
  Range("N4").Select
  ActiveCell.FormulaR1C1 = _
    "=IF((R[2]C[-12]+R[6]C[-12])<=RC[-12],0,IF((R[2]C[-12]+R[5]C[-12])>RC[-
12],1,((R[2]C[-12]-RC[-12]+R[6]C[-12])/(R[6]C[-12]-R[5]C[-12]))))"
  Range("N5").Select
  ActiveWindow.ScrollColumn = 2
  ActiveWindow.ScrollColumn = 3
  ActiveWindow.ScrollColumn = 4
  ActiveWindow.ScrollColumn = 5
  ActiveWindow.ScrollColumn = 6
  ActiveWindow.ScrollColumn = 7
  ActiveWindow.ScrollColumn = 8
  ActiveWindow.ScrollColumn = 9
  Range("N4").Select
  Selection.AutoFill Destination:=Range("N4:R4"), Type:=xlFillDefault
  Range("N4:R4").Select
  Range("N5").Select
```

```
ActiveWindow.ScrollColumn = 8
ActiveWindow.ScrollColumn = 7
ActiveWindow.ScrollColumn = 6
ActiveWindow.ScrollColumn = 5
ActiveWindow.ScrollColumn = 4
ActiveWindow.ScrollColumn = 3
ActiveWindow.ScrollColumn = 2
ActiveWindow.ScrollColumn = 1
ActiveCell.FormulaR1C1 = _
    "=IF((R[2]C[-12]+R[5]C[-12])<=R[-3]C[-12],0,IF((R[2]C[-12]+R[4]C[-12])>R[-3]C[-12],1,((R[2]C[-12]-R[-3]C[-12]+R[5]C[-12])/(R[5]C[-12]-R[4]C[-12]))))"
Range("N5").Select
ActiveWindow.ScrollColumn = 2
ActiveWindow.ScrollColumn = 3
ActiveWindow.ScrollColumn = 4
ActiveWindow.ScrollColumn = 5
ActiveWindow.ScrollColumn = 6
ActiveWindow.ScrollColumn = 7
ActiveWindow.ScrollColumn = 8
ActiveWindow.ScrollColumn = 9
ActiveWindow.ScrollColumn = 10
Selection.AutoFill Destination:=Range("N5:R5"), Type:=xlFillDefault
Range("N5:R5").Select
Range("N6").Select
ActiveWindow.ScrollColumn = 9
ActiveWindow.ScrollColumn = 8
ActiveWindow.ScrollColumn = 7
ActiveWindow.ScrollColumn = 6
ActiveWindow.ScrollColumn = 5
ActiveWindow.ScrollColumn = 4
ActiveWindow.ScrollColumn = 3
ActiveWindow.ScrollColumn = 2
ActiveWindow.ScrollColumn = 1
ActiveCell.FormulaR1C1 = _
    "=IF((R[1]C[-12]+R[4]C[-12])<=R[-3]C[-12],0,IF((R[1]C[-12]+R[3]C[-12])>R[-3]C[-12],1,((R[1]C[-12]-R[-3]C[-12]+R[4]C[-12])/(R[4]C[-12]-R[3]C[-12]))))"
Range("N7").Select
ActiveWindow.ScrollColumn = 2
ActiveWindow.ScrollColumn = 3
ActiveWindow.ScrollColumn = 4
ActiveWindow.ScrollColumn = 5
ActiveWindow.ScrollColumn = 6
ActiveWindow.ScrollColumn = 7
ActiveWindow.ScrollColumn = 8
Range("N6").Select
Selection.AutoFill Destination:=Range("N6:R6"), Type:=xlFillDefault
Range("N6:R6").Select
Range("N7").Select
ActiveWindow.ScrollColumn = 7
ActiveWindow.ScrollColumn = 6
ActiveWindow.ScrollColumn = 5
ActiveWindow.ScrollColumn = 4
ActiveWindow.ScrollColumn = 3
ActiveWindow.ScrollColumn = 2
```

```
  ActiveWindow.ScrollColumn = 1
  ActiveCell.FormulaR1C1 = _
    "=IF((RC[-12]+R[3]C[-12])<=R[-3]C[-12],0,IF((RC[-12]+R[2]C[-12])>R[-3]C[-12],1,((RC[-12]-R[-3]C[-12]+R[3]C[-12])/(R[3]C[-12]-R[2]C[-12]))))"
  Range("N8").Select
  ActiveWindow.ScrollColumn = 2
  ActiveWindow.ScrollColumn = 3
  ActiveWindow.ScrollColumn = 4
  ActiveWindow.ScrollColumn = 5
  ActiveWindow.ScrollColumn = 6
  ActiveWindow.ScrollColumn = 7
  Range("N7").Select
  Selection.AutoFill Destination:=Range("N7:R7"), Type:=xlFillDefault
  Range("N7:R7").Select
  ActiveWindow.ScrollColumn = 6
  ActiveWindow.ScrollColumn = 5
  ActiveWindow.ScrollColumn = 4
  ActiveWindow.ScrollColumn = 3
  ActiveWindow.ScrollColumn = 2
  ActiveWindow.ScrollColumn = 1
  Range("H16").Select
  ActiveCell.FormulaR1C1 = _
    "=IF((R[4]C[-6]-R[8]C[-6])<RC[-6],0,IF((R[4]C[-6]-R[10]C[-6])>=RC[-6],1,((R[4]C[-6]-RC[-6]-R[8]C[-6])/(R[10]C[-6]-R[8]C[-6]))))"
  Range("H16").Select
  Selection.AutoFill Destination:=Range("H16:L16"), Type:=xlFillDefault
  Range("H16:L16").Select
  Range("H17").Select
  ActiveCell.FormulaR1C1 = _
    "=IF((R[3]C[-6]-R[7]C[-6])<RC[-6],0,IF((R[3]C[-6]-R[9]C[-6])>=RC[-6],1,((R[3]C[-6]-RC[-6]-R[7]C[-6])/(R[9]C[-6]-R[7]C[-6]))))"
  Range("H17").Select
  Selection.AutoFill Destination:=Range("H17:L17"), Type:=xlFillDefault
  Range("H17:L17").Select
  Range("H18").Select
  ActiveCell.FormulaR1C1 = _
    "=IF((R[2]C[-6]-R[6]C[-6])<RC[-6],0,IF((R[2]C[-6]-R[8]C[-6])>=RC[-6],1,((R[2]C[-6]-RC[-6]-R[6]C[-6])/(R[8]C[-6]-R[6]C[-6]))))"
  Range("H18").Select
  Selection.AutoFill Destination:=Range("H18:L18"), Type:=xlFillDefault
  Range("H18:L18").Select
  Range("H19").Select
  ActiveCell.FormulaR1C1 = _
    "=IF((R[2]C[-6]-R[5]C[-6])<R[-3]C[-6],0,IF((R[2]C[-6]-R[7]C[-6])>=R[-3]C[-6],1,((R[2]C[-6]-R[-3]C[-6]-R[5]C[-6])/(R[7]C[-6]-R[5]C[-6]))))"
  Range("H19").Select
  Selection.AutoFill Destination:=Range("H19:L19"), Type:=xlFillDefault
  Range("H19:L19").Select
  Range("H20").Select
  ActiveCell.FormulaR1C1 = _
    "=IF((R[1]C[-6]-R[4]C[-6])<R[-3]C[-6],0,IF((R[1]C[-6]-R[6]C[-6])>=R[-3]C[-6],1,((R[1]C[-6]-R[-3]C[-6]-R[4]C[-6])/(R[6]C[-6]-R[4]C[-6]))))"
  Range("H20").Select
  Selection.AutoFill Destination:=Range("H20:L20"), Type:=xlFillDefault
```

```
Range("H20:L20").Select
Range("H21").Select
ActiveCell.FormulaR1C1 = _
    "=IF((RC[-6]-R[3]C[-6])<R[-3]C[-6],0,IF((RC[-6]-R[5]C[-6])>=R[-3]C[-6],1,((RC[-6]-R[-3]C[-6]-R[3]C[-6])/(R[5]C[-6]-R[3]C[-6]))))"
Range("H21").Select
Selection.AutoFill Destination:=Range("H21:L21"), Type:=xlFillDefault
Range("H21:L21").Select
Range("N16").Select
ActiveCell.FormulaR1C1 = "="
ChDir "C:\Users\NEW\Desktop"
Range("N16").Select
Selection.ClearContents
ActiveCell.FormulaR1C1 = _
    "=IF((RC[-12]-R[4]C[-12])<R[8]C[-12],0,IF((RC[-12]-R[4]C[-12])>=R[10]C[-12],1,((RC[-12]-R[4]C[-12]-R[8]C[-12])/(R[10]C[-12]-R[8]C[-12]))))"
Range("N17").Select
ActiveWindow.ScrollColumn = 2
ActiveWindow.ScrollColumn = 3
ActiveWindow.ScrollColumn = 4
ActiveWindow.ScrollColumn = 5
ActiveWindow.ScrollColumn = 6
ActiveWindow.ScrollColumn = 7
ActiveWindow.ScrollColumn = 8
Range("N16").Select
Selection.AutoFill Destination:=Range("N16:R16"), Type:=xlFillDefault
Range("N16:R16").Select
Range("N17").Select
ActiveWindow.ScrollColumn = 7
ActiveWindow.ScrollColumn = 6
ActiveWindow.ScrollColumn = 5
ActiveWindow.ScrollColumn = 4
ActiveWindow.ScrollColumn = 3
ActiveWindow.ScrollColumn = 2
ActiveWindow.ScrollColumn = 1
ActiveCell.FormulaR1C1 = _
    "=IF((RC[-12]-R[3]C[-12])<R[7]C[-12]:R[7]C[-12],0,IF((RC[-12]-R[3]C[-12])>=R[9]C[-12],1,((RC[-12]-R[3]C[-12]-R[7]C[-12])/(R[9]C[-12]-R[7]C[-12]))))"
Range("N18").Select
ActiveWindow.ScrollColumn = 2
ActiveWindow.ScrollColumn = 3
ActiveWindow.ScrollColumn = 4
ActiveWindow.ScrollColumn = 5
ActiveWindow.ScrollColumn = 6
ActiveWindow.ScrollColumn = 7
Range("N17").Select
Selection.AutoFill Destination:=Range("N17:R17"), Type:=xlFillDefault
Range("N17:R17").Select
Range("N18").Select
ActiveWindow.ScrollColumn = 6
ActiveWindow.ScrollColumn = 5
ActiveWindow.ScrollColumn = 4
ActiveWindow.ScrollColumn = 2
ActiveWindow.ScrollColumn = 1
```

```
ActiveCell.FormulaR1C1 = _
    "=IF((RC[-12]-R[2]C[-12])<R[6]C[-12],0,IF((RC[-12]-R[2]C[-12])>=R[8]C[-12],1,((RC[-12]-R[2]C[-12]-R[6]C[-12])/(R[8]C[-12]-R[6]C[-12]))))"
Range("N19").Select
ActiveWindow.ScrollColumn = 2
ActiveWindow.ScrollColumn = 3
ActiveWindow.ScrollColumn = 4
ActiveWindow.ScrollColumn = 5
ActiveWindow.ScrollColumn = 6
ActiveWindow.ScrollColumn = 7
ActiveWindow.ScrollColumn = 8
ActiveWindow.ScrollColumn = 9
ActiveWindow.ScrollColumn = 10
ActiveWindow.ScrollColumn = 11
Range("N18").Select
Selection.AutoFill Destination:=Range("N18:R18"), Type:=xlFillDefault
Range("N18:R18").Select
Range("N19").Select
ActiveWindow.ScrollColumn = 10
ActiveWindow.ScrollColumn = 9
ActiveWindow.ScrollColumn = 8
ActiveWindow.ScrollColumn = 7
ActiveWindow.ScrollColumn = 6
ActiveWindow.ScrollColumn = 5
ActiveWindow.ScrollColumn = 4
ActiveWindow.ScrollColumn = 3
ActiveWindow.ScrollColumn = 2
ActiveWindow.ScrollColumn = 1
ActiveCell.FormulaR1C1 = _
    "=IF((R[-3]C[-12]-R[2]C[-12])<R[5]C[-12],0,IF((R[-3]C[-12]-R[2]C[-12])>=R[7]C[-12],1,((R[-3]C[-12]-R[2]C[-12]-R[5]C[-12]))))"
Range("N20").Select
ActiveWindow.ScrollColumn = 2
ActiveWindow.ScrollColumn = 3
ActiveWindow.ScrollColumn = 4
ActiveWindow.ScrollColumn = 5
Range("N19").Select
Selection.AutoFill Destination:=Range("N19:R19"), Type:=xlFillDefault
Range("N19:R19").Select
Range("N20").Select
ActiveWindow.ScrollColumn = 4
ActiveWindow.ScrollColumn = 3
ActiveWindow.ScrollColumn = 2
ActiveWindow.ScrollColumn = 1
ActiveCell.FormulaR1C1 = _
    "=IF((R[-3]C[-12]-R[1]C[-12])<R[4]C[-12],0,IF((R[-3]C[-12]-R[1]C[-12])>=R[6]C[-12],1,((R[-3]C[-12]-R[1]C[-12]-R[4]C[-12])/(R[6]C[-12]-R[4]C[-12]))))"
Range("N21").Select
ActiveWindow.ScrollColumn = 2
ActiveWindow.ScrollColumn = 3
ActiveWindow.ScrollColumn = 4
ActiveWindow.ScrollColumn = 5
ActiveWindow.ScrollColumn = 6
ActiveWindow.ScrollColumn = 7
```

```
ActiveWindow.ScrollColumn = 8
Range("N20").Select
Selection.AutoFill Destination:=Range("N20:R20"), Type:=xlFillDefault
Range("N20:R20").Select
Range("N21").Select
ActiveWindow.ScrollColumn = 7
ActiveWindow.ScrollColumn = 6
ActiveWindow.ScrollColumn = 5
ActiveWindow.ScrollColumn = 4
ActiveWindow.ScrollColumn = 3
ActiveWindow.ScrollColumn = 2
ActiveWindow.ScrollColumn = 1
ActiveCell.FormulaR1C1 = _
   "=IF((R[-3]C[-12]-RC[-12])<R[3]C[-12],0,IF((R[-3]C[-12]-RC[-12])>=R[5]C[-12],1,((R[-
3]C[-12]-RC[-12]-R[3]C[-12])/(R[5]C[-12]-R[3]C[-12]))))"
Range("N22").Select
ActiveWindow.ScrollColumn = 2
ActiveWindow.ScrollColumn = 3
ActiveWindow.ScrollColumn = 4
ActiveWindow.ScrollColumn = 5
ActiveWindow.ScrollColumn = 6
ActiveWindow.ScrollColumn = 7
ActiveWindow.ScrollColumn = 8
ActiveWindow.ScrollColumn = 9
ActiveWindow.ScrollColumn = 10
ActiveWindow.ScrollColumn = 11
Range("N21").Select
Selection.AutoFill Destination:=Range("N21:R21"), Type:=xlFillDefault
Range("N21:R21").Select
ActiveWindow.SmallScroll Down:=-15
Range("S2").Select
ActiveWindow.ScrollColumn = 10
ActiveWindow.ScrollColumn = 9
ActiveWindow.ScrollColumn = 8
ActiveWindow.ScrollColumn = 7
ActiveWindow.ScrollColumn = 6
ActiveWindow.ScrollColumn = 5
ActiveCell.FormulaR1C1 = _
   "=SUMPRODUCT(RC[-11]:RC[-7],R11C2:R11C6)/SUM(R11C2:R11C6)"
Range("S2").Select
Selection.AutoFill Destination:=Range("S2:S7"), Type:=xlFillDefault
Range("S2:S7").Select
Range("T2").Select
ActiveCell.FormulaR1C1 = _
   "=SUMPRODUCT(RC[-6]:RC[-2],R11C2:R11C6)/SUM(R11C2:R11C6)"
Range("T2").Select
Selection.AutoFill Destination:=Range("T2:T7")
Range("T2:T7").Select
Range("T16").Select
ActiveCell.FormulaR1C1 = "if("
Range("T16").Select
ActiveCell.FormulaR1C1 = _
   "=IF(RC[-12]>R2C19,(R2C19*(1-RC[-12])/(1-R2C19)),R2C19)"
Range("T17").Select
```

```
ActiveWindow.SmallScroll ToRight:=3
Range("T16").Select
Selection.AutoFill Destination:=Range("T16:X16"), Type:=xlFillDefault
Range("T16:X16").Select
Range("T17").Select
ActiveCell.FormulaR1C1 = _
   "=IF(RC[-12]>R3C19,(R3C19*(1-RC[-12])/(1-R3C19)),R3C19)"
Range("T18").Select
ActiveWindow.SmallScroll ToRight:=4
Range("T17").Select
Selection.AutoFill Destination:=Range("T17:X17"), Type:=xlFillDefault
Range("T17:X17").Select
Range("T18").Select
ActiveWindow.ScrollColumn = 10
ActiveWindow.ScrollColumn = 9
ActiveWindow.ScrollColumn = 8
ActiveWindow.ScrollColumn = 7
ActiveWindow.ScrollColumn = 6
ActiveCell.FormulaR1C1 = _
   "=IF(RC[-12]>R4C19,(R4C19*(1-RC[-12])/(1-R4C19)),R4C19)"
Range("T19").Select
ActiveWindow.SmallScroll ToRight:=5
Range("T18").Select
Selection.AutoFill Destination:=Range("T18:X18"), Type:=xlFillDefault
Range("T18:X18").Select
Range("T19").Select
ActiveWindow.ScrollColumn = 10
ActiveWindow.ScrollColumn = 9
ActiveWindow.ScrollColumn = 8
ActiveWindow.ScrollColumn = 7
ActiveWindow.ScrollColumn = 6
ActiveWindow.ScrollColumn = 5
ActiveWindow.ScrollColumn = 4
ActiveWindow.ScrollColumn = 5
ActiveWindow.ScrollColumn = 6
ActiveWindow.ScrollColumn = 7
ActiveCell.FormulaR1C1 = _
  "=IF(RC[-12]>R5C19,(R5C19*(1-RC[-12])/(1-R5C19)),R5C19)"
Range("T20").Select
ActiveWindow.ScrollColumn = 8
ActiveWindow.ScrollColumn = 9
ActiveWindow.ScrollColumn = 10
ActiveWindow.ScrollColumn = 11
Range("T19").Select
Selection.AutoFill Destination:=Range("T19:X19"), Type:=xlFillDefault
Range("T19:X19").Select
Range("T20").Select
ActiveWindow.ScrollColumn = 10
ActiveWindow.ScrollColumn = 9
ActiveWindow.ScrollColumn = 8
ActiveWindow.ScrollColumn = 7
ActiveCell.FormulaR1C1 = _
   "=IF(RC[-12]>R6C19,(R6C19*(1-RC[-12])/(1-R6C19)),R6C19)"
Range("T21").Select
```

```
  ActiveWindow.SmallScroll ToRight:=3
  Range("T20").Select
  Selection.AutoFill Destination:=Range("T20:X20"), Type:=xlFillDefault
  Range("T20:X20").Select
  Range("T21").Select
  ActiveWindow.SmallScroll ToRight:=-2
  ActiveCell.FormulaR1C1 = _
    "=IF(RC[-12]>R7C19,(R7C19*(1-RC[-12])/(1-R7C19)),R7C19)"
  Range("T22").Select
  ActiveWindow.SmallScroll ToRight:=2
  Range("T21").Select
  Selection.AutoFill Destination:=Range("T21:X21"), Type:=xlFillDefault
  Range("T21:X21").Select
  ActiveWindow.SmallScroll ToRight:=6
  Range("Z16").Select
  ActiveCell.FormulaR1C1 = _
    "=IF(RC[-18]>R2C20,(R2C20*(1-RC[-18])/(1-R2C20)),R2C20)"
  Range("Z16").Select
  Selection.AutoFill Destination:=Range("Z16:AD16"), Type:=xlFillDefault
  Range("Z16:AD16").Select
  Range("Z17").Select
  ActiveCell.FormulaR1C1 = _
    "=IF(RC[-18]>R3C20,(R3C20*(1-RC[-18])/(1-R3C20)),R3C20)"
  Range("Z17").Select
  Selection.AutoFill Destination:=Range("Z17:AD17"), Type:=xlFillDefault
  Range("Z17:AD17").Select
  Range("Z18").Select
  ActiveCell.FormulaR1C1 = _
    "=IF(RC[-18]>R4C20,(R4C20*(1-RC[-18])/(1-R4C20)),R4C20)"
  Range("Z18").Select
  Selection.AutoFill Destination:=Range("Z18:AD18"), Type:=xlFillDefault
  Range("Z18:AD18").Select
  Range("Z19").Select
  ActiveCell.FormulaR1C1 = _
    "=IF(RC[-18]>R5C20,(R5C20*(1-RC[-18])/(1-R5C20)),R5C20)"
  Range("Z19").Select
  Selection.AutoFill Destination:=Range("Z19:AD19"), Type:=xlFillDefault
  Range("Z19:AD19").Select
  Range("Z20").Select
  ActiveCell.FormulaR1C1 = _
    "=IF(RC[-18]>R6C20,(R6C20*(1-RC[-18])/(1-R6C20)),R6C20)"
  Range("Z20").Select
  Selection.AutoFill Destination:=Range("Z20:AD20"), Type:=xlFillDefault
  Range("Z20:AD20").Select
  Range("Z21").Select
  ActiveCell.FormulaR1C1 = _
    "=IF(RC[-18]>R7C20,(R7C20*(1-RC[-18])/(1-R7C20)),R7C20)"
  Range("Z21").Select
  Selection.AutoFill Destination:=Range("Z21:AD21"), Type:=xlFillDefault
  Range("Z21:AD21").Select
End Sub
```

REFERÊNCIAS

1. Altman, E., Avery. R, Eisenbeis, R, Stinkey. J (1981), Application of classification techniques in business, Banking and finanace, JAI Press, Greenwich, CT.

2. Ananya Chakraborty e Chakraborty. M (2012), Multi criteria genetic algorithm for optimal blending coal, OPSEARCH, 49(4), pp 386-399.

3. Awerbuch, S, Ecker, J. G e Wallace, W. A (1976), A note: hidden nonlinearities in the application of goal programming, Management Sciences, 22, pp 918-920.

4. Barda, H., Dupuy, J. e Lencioni, P (1990), Multicriteria location of thermal power plants, European Journal of Operational Research 45, 332-346

5. Benson, H. P (1995), Scheduling surgeries for patients requiring post-operative intensive care: A multiple objective integer programming approach, In: Pardalos, P. M, Siskos, Y e Zopounidi. C (Eds), Advances in Multicriteria Analysis, Kluwer Academic Publishers, Dordrecht, pp 233-247.

6. Bozoki S e Robert H. Lewis (2005), Solving the least squares method problem in the AHP for 3x3 and 4x4 matrices, European Journal of Operations Research, 13, pp 255270.

7. Brans, J. P., Mareschal, B. e Vincke, Ph (1984), 'PROMETHEE: A new family of outranking methods in multicriteria analysis', em J. P. Brans (Ed.), Operational Research '84, Elsevier Science Publishers B.V. (North-Holland), pp. 408-421.

8. Caballero, R, Hernandez, M. (2006), Restoration of efficiency in goal programming problem with linear fractional criteria, European Journal of Operations Research, 172, pp 31-39.

9. Carsten Homburg (1998), Hierarchical multi-objective decision making, European Journal of Operations Research, 105, pp 155-161.

10. Chames. A, Cooper W.W e Ferguson. R (1955), Optimal estimation of executive compensation by Linear Programming, Management Sciences, 1, ppl38-151.

11. Christian Genest e Louis Paul Rivest (1994), A statistical look at Saaty's method of estimating pairwise preferences expressed on a ration scale, Journal of mathematical psychology, 38, pp 477-496.

12. Chuntian, C e Chau, K. W (2002), Three-person multi-objective conflict decision in reservoir flood control, European Journal of Operations Research, 142, pp 625-631.

13. Crawford. G e Williams C (1985), A note on the analysis of subjective judgment matrices, Journal of mathematical psychology, 29, pp 387-405.

14. Daji ergu et al (2011), A simple method to improve the consistency ratio of the pairwise comparison matrix in ANP, European Journal Of Operations Research, 213,pp 246-259.

15. De Graan J.G. (1980), Extensions of the multiple criteria analysis method of T.L. Saaty. Relatório técnico m.f.a. 80-3, Instituto Nacional de Abastecimento de Água, Leidschendam, Países Baixos. Apresentado no EURO IV. Cambridge, 22-25 de julho.

16. Deason. J (1984), A multi-objective decision support system for water project portfolio selection, Ph.D. Dissertation, University of Virginia.

17. Doumpos. M e Zopounidis. C (2002), Multicriteria Decision Aid Classification methods, Kluwer Academic Publishers, Dordrecht.

18. Erarslan, K., Aykul, H., Akqakoca, H., Cetin. N. (2001), Optimal blending of coal by linear programming for the power plant, 17th International Mining congress and Exhibition of Turkey.

19. Eric Jacquet-Lagreze e Yannis Siskos (2001), Preference disaggregation: 20 years of MCDA experience, European Journal of Operations Research, 130(2), pp 233-245.

20. Evangelos Triantaphyllou e Bo Shu (2001), On the maximum number of feasible ranking sequences in multi-criteria decision making problems, European Journal of Operations Research, 130, pp 665-678.

21. Farkas, A (2001), Cardinal measurement of consumer's preferences, dissertação de doutoramento, Universidade de Tecnologia e Economia de Budapeste.

22. Fichtner J (1983), Some thoughts about the mathematics of the Analytical Hierarchy process, Hochschule der Bundeswehr, Munique.

23. Flávio Trojan e Danielle Costa Morais (2012), Usando o ELECTRE TRI para apoiar a manutenção de redes de distribuição de água, Sociedade Brasileira de Pesquisa Operacional, 32(2), pp 423-442.

24. Fonseca, C. M e Fleming, P. J (1993), Genetic Algorithms for multi-objective optimization: Formulation, discussion and generalization, Proceedings of the fifth International Conference on Genetic Algorithms, pp 416-423.

25. Genest C e C-E M'Lan (1999), Deriving priorities from the Bradley-Terry model, Mathematical and computer modeling, 29, pp 87-102.

26. Gershon. M (1981), Model choice in multi-objective decision making in natural resource systems, Ph.D. Dissertation, University of Arizona.

27. Gomez, T, Hernandez, M, Leon, M. A e Caballero, R (2006), A forest planning problem solved via a linear fractional goal programming model, Forest Ecology and Management, 227, pp 79-88.

28. Greco, S., Matarazzo, B., Slowinski, R., (1998), A new rough set approach to evaluation of bankruptcy risk. In: Zo-pounidis, C. (Ed.), Operational Tools in the Management of Financial Risks. Kluwer Academic Publishers, Dordrecht, pp. 121-136

29. Greco, S., Matarazzo, B., Slowinski, R., (1999), The use of rough sets and fuzzy sets in MCDM, Advances in Multiple Criteria Decision Making, Gal, T., Stewart, T., Hanne, T. Eds,. KluwerAcademic Publishers, Dordrecht, pp. 14.1- 14.59.

30. Guo, X.-j., Chen, M., Wu, J.w. (2009), Coal blending optimization of coal preparation production process based on improved GA , The 6th international conference on mining science and technology, Procedia Earth and Planetary Science, 1, pp 654-660.

31. Hanna Sawicka, Szymon Weglinski e Piotr Witort (2010), Application of Muliple criteria decision aid methods in logistic systems, Electronic Scientific Journal of Logistics, 6(3), pp 99-110.

32. Hauser J.R e Shugan S.M. (1980), Intensity measures of consumer preferences, Operations Research, 28 (2), pp 278-320.

33. Ignizio J.P. (1976), Goal programming and extensions, Lexington Books, Lexington, MA.

34. Ignizio JP (1976) Goal programming and extensions, Lexington Books, Lexington, MA.

35. Ijiri. Y (1965), *Management Goals and Accounting for Control* (North-Holland, Amesterdão).

36. Iskander, M. G (2012), A suggested approach for solving weighted goal programming problem, American Journal of Computational and Applied Mathematics, 2(2), pp 55-57.

37. Jacques Carriere (1992), Statistical theory for the ratio model of paired comparisons, Journal of mathematical psychology, 36, pp 450-460.

38. Jensen R.E (1983), Comparison of Eigenvector, least squares, Chi square and Logarithmic least square methods of scaling a reciprocal matrix, documento de trabalho 153.

39. José A.A e Teresa M.L (2006), Consistência no Processo de Hierarquia Analítica: A new approach, International journal of uncertainty, fuzziness and knowledge based systems, 14 (4), pp 445-459.

40. Kalyanmoy Deb (1999), Solving goal programming problems using Multi-Objective Genetic Algorithms

41. Khorramshagol R. e Azani H. (1988), A decision support system for effective systems analysis andplanning, Jour of Information and Optimization Sciences, 9, pp 41-52.

42. Khorramshagol R. e Hooshiari A. (1991), Three shortcomings of Goal Programming and their solutions, Jour of Information and Optimization Sciences 12, pp 459-466.

43. Kumral, M. (2003), Aplicação de programação condicionada pelo acaso baseada em recozimento simulado multiobjectivo para resolver um problema de mistura de minerais. Engineering Optimization, **35** (6), pp 661-673.

44. Lambert A e Himer W. (2000), International Water Data Comparisons Ltd. Llandudno, LL30 1SL, Reino Unido. Losses from Water Supply Systems: Standard Terminology and Recommended Performance Measures. (IWA) Associação Internacional da Água. The blue pages - A fonte de informação da IWA sobre questões relacionadas com a água potável.

45. Lusk, E.J. (1979), Analysis of hospital capital decision alternatives: a priority assignment model, Journal of Operational research society, 30, pp 439-448.

46. Masud A.S. e Hwang C.L. (1991), Interactive sequential Goal Programming, Journal of Operations Research Society, 32, pp 391-400.

47. Meittinen e Salminen Pekka (1999), Decision aid for descrete multiple criteria decision making problems with imprecise data, European Journal of Operations Research, 119, pp 50-60.

48. Michael Doumpos e Constantin Zopounidis (2004), A multicriteria classification approach based on pairwise comparisons, European Journal of Operations Research, 158, pp 378-389.

49. Moscarola, J. e Roy, B.: 1977, "Procrdure automatique d'examen de dossiers fondre sur une segmentation trichotomique en presence de critrres multiples", RAIRO Recherche Oprationnelle 11(2), maio, 145-173.

50. Mousseau, V, Slownski, R e Zielniewicz, P (2000), A user oriented implementation of the ELECTRE TRI method integrating preference elicitation support, Computers and Operations Research, 27, pp 757-777.

51. Neumann von, J e Morgenstern, O (1947), Theory of games and economic behavior, 2.ª edição, Princeton: Princeton University Press.

52. Palph E. Steuer e Paul Na (2003), Multi criteria decision making combined with finance: A categorized bibliographic study, European Journal of Operations Research, 150,pp496-515.

53. Pemy. P (1998), Multicriteria filtering methods based on concordance and nondiscordance principles Annals of Operations Research, 80,pp 137-165.

54. Piet de Jong (1984), A statistical approach to Saaty's scaling method for priorities, Journal of mathematical psychology, 28, pp 467-478.

55. Quinlan. J (1993), Programs for Machine Learning, Morgan Kaufmann Publishers, Los Atlos, CA.

56. Rabinowitz, G (1976), Some aspect on measuring world influence, Journal of Piece science, 2, pp 49-55.

57. Robert E Jensen (1984), An alternative scaling method for priorities in Hierarchical structures, Journal of mathematical psychology, 28, pp 317-332.

58. Romero C(1991), Handbook of Critical Issues in Goal Programming, Pergamon.

59. Romero, C e Rehman, T (1989), Multiple Criteria Analysis for Agricultural Decisions (Análise de critérios múltiplos para decisões agrícolas), Amsterdão, Elsevier.

60. Roy, B (1981), "A multicriteria analysis for trichotomic segmentation problems", em Multiple Criteria Analysis, Operational Methods, Peter Nijkamp e Jaap Spronk (Eds.), Gower Press, pp 245-257.

61. Roy, B e Bouyssou, D (1993), Aide Multicritere a la decision: Methodes et Cas, Economica, Paris.

62. Roy, B. e Bertier, E (1973), 'La methode ELECTRE II-Une application au mediaplanning', em OR '72, M. Ross (ed.), North-Holland Publishing Company, pp. 291-302.

63. Roy, B., Present, M. e Silhol, D (1986), A programming method for determining which Paris metro stations should be renovated, European Journal of Operational Research 24, 318-334.

64. Roy. B (1991), The outranking approach and the foundations of ELECTRE methods, Theory and Decisions, 31,pp 49-73.

65. Rui Pedro Lourenço e João Paulo Costa (2004), Using ELECTRE TRI outranking method to sort MOMILP nondominated solutions, European Journal of Operations Research, 153, pp 271-289.

66. Saaty T.L (2003), Decision making with the AHP: Why is the principle eigenvector necessary, European Journal of Operations Research, 145, pp 85-91.

67. Saaty T.L e Hu. G (1998), Ranking by eignvector versus other methods in the AnalyticalHierarchy process,Appliedmathematicalletters, 11 (4),pp 121-125.

68. Saaty T.L. (1977), A scaling method for priorities in hierarchical structures, Journal of mathematical Psychology, 15, pp 234-281.

69. Saaty T.L. (1980), the Analytical Hierarchy Process, McGraw - Hill, Nova Iorque.

70. Saaty T.L. (1981), The Analytical Hierarchy Process, McGraw-Hill, Nova Iorque.

71. Saaty T.L. (1982), Decision making for leaders. Belmont, CA: Lifetime Learning.

72. Saaty T.L. (1990), Eigenvector and logarithmic least squares, European Journal of Operations Research, 48, pp 156-160.

73. Saaty T.L. (2008), Decision making with analytic hierarchy process, Intemationaljoumal of services sciences, 1(1), pp 83-98.

74. Saaty T.L. e L.G. Vargas (1984), Inconsistency and rank preservation, Journal of mathematical psychology, 28(2).

75. Saaty, T.L (1994), An introduction to Linear Algebra, Segunda edição, HBJ Publishers, Orlando, FL.

76. Saaty. T.L e L.G. Vargas (1982b), The logic of priorities. Boston: Kluwer-Nighoff.

77. Shepherd, R.N (1972), A taxonomy of some main types of data and of multidimensional methods for their analysis, Multidimensional scaling, 1, pp 23-51, Nova Iorque: Seminário.

78. Shih, J.-S., Frey, H.C. (1995), Optimal blending optimization under uncertainty. Jornal Europeu de Investigação Operacional, 83(3), pp 452-465.

79. Shim J.P. e Chin S.G. (1991), Goal Programming: The RPMS network approach, Journal of Operations Research Society, 42, pp 83-93.

80. Slowinski, R. e Treichel, W (1988), MCDM methodology for regional water supply system programming, Comunicação ao Congrks EURO IX-TIMS XXVIII, Paris, 6-8 de julho.

81. Solymosi T e Dombi, J, (1986), A method for determining the weights: The centralized weights of criteria, European Journal of Operational Research, 26, pp 35-41.

82. Soyster, A. L, Lev, B (1978), An interpretation of fractional objectives in goal programming as related to papers by Awerbuch et al, and Hannan, Management Sciences, 24, pp 1546-1549.

83. Srinivas, N e Deb, K (1995), Multi-Objective function optimization using nondominated sorting genetic algorithms, Evolutionary Computations, 2(3), pp 221-248.

84. Sumpsi J.M., Amador e Romero C (1996), On farmer's objectives: A multi-criteria approach, European Journal of Operations Research, 96, pp 64-71.

85. Tarik Al-Shemmeri, Al-Kloub e Pearman. A (1997), Model choice in multicriteria decision aid, European Journal of Operations Research, 97, pp 550-560.

86. Tecle. A (1988), Choice of multicriteria decision making techniques for wayerched management, Ph.D. Dissertation, University of Arizona.

87. Tomiz e Jones (1995), A review of Goal Programming and its applications, Annals of Operations Research, 58, pp 39-53.

88. Triantaphyllou E e Stuart H. Mann (1995), Using the AHP for decision making in engineering applications: some challenges, International journal of engineering: Applications and practice, 2 (1), pp 35-44.

89. Wind Y e Saaty T.L (1980), Marketing applications of the analytic hierarchy process, management science, 26, pp 641-657.

90. Yu, W., (1992), ELECTRE TRI-Aspectos metodológicos e guia de utilização. Documento da Lamsade 74, Universit_e Paris-Dauphine.

Printed by Books on Demand GmbH, Norderstedt / Germany